U0436643

国家出版基金项目

“十四五”时期国家重点出版物出版专项规划项目

中国战略性新兴产业——前沿新材料

镓体系半导体与集成电路

丛书主编　魏炳波　韩雅芳

编　　著　张　韵　沈桂英　陆　丹

中国铁道出版社有限公司
CHINA RAILWAY PUBLISHING HOUSE CO., LTD.

内 容 简 介

本书为“中国战略性新兴产业——前沿新材料”丛书之分册。

化合物半导体材料的研究和产业化极大拓展了半导体芯片在光电子和射频领域的应用。其中，以砷化镓、氮化镓、锑化镓、氧化镓为代表的镓体系半导体材料，在我国具备镓资源优势和自主可控的产业基础，未来将在光电融合集成电路领域发挥核心关键作用。本书沿着材料、器件、集成电路的全链条维度，系统论述了镓体系单晶衬底材料的特点和制备方法，重点总结了异质结器件的基本理论和制备技术，归纳展望了镓基集成电路的应用现状和光电融合新方向。

本书适合半导体材料和器件、物理、集成电路、电子工程等领域的研究人员和工程技术人员参考，也可供高校相关专业参考。

图书在版编目(CIP)数据

镓体系半导体与集成电路 / 张韵，沈桂英，陆丹编著. -- 北京 ：中国铁道出版社有限公司，2024. 12.
(中国战略性新兴产业 / 魏炳波，韩雅芳主编).
ISBN 978-7-113-31933-5

Ⅰ. TN304;TN43

中国国家版本馆 CIP 数据核字第 2024J0Y429 号

书　　名：**镓体系半导体与集成电路**
作　　者：张　韵　沈桂英　陆　丹

策　　划：侯跃文　李小军
责任编辑：侯跃文　　**编辑部电话**：(010)51873423
封面设计：高博越
责任校对：苗　丹
责任印制：高春晓

出版发行：中国铁道出版社有限公司(100054，北京市西城区右安门西街 8 号)
网　　址：https://www.tdpress.com
印　　刷：北京联兴盛业印刷股份有限公司
版　　次：2024 年 12 月第 1 版　2024 年 12 月第 1 次印刷
开　　本：787 mm×1 092 mm 1/16　**印张**：8.25　**字数**：184 千
书　　号：ISBN 978-7-113-31933-5
定　　价：88.00 元

作者简介

魏炳波

中国科学院院士，教授，工学博士，著名材料科学家。现任中国材料研究学会理事长，教育部科技委材料学部副主任，教育部物理学专业教学指导委员会副主任委员。入选首批国家“百千万人才工程”，首批教育部长江学者特聘教授，首批国家杰出青年科学基金获得者，国家基金委创新研究群体基金获得者。曾任国家自然科学基金委金属学科评委、国家“863”计划航天技术领域专家组成员、西北工业大学副校长等职。主要从事空间材料、液态金属深过冷和快速凝固等方面的研究。获1997年度国家技术发明奖二等奖，2004年度国家自然科学奖二等奖和省部级科技进步奖一等奖等。在国际国内知名学术刊物上发表论文120余篇。

韩雅芳

工学博士，研究员，著名材料科学家。现任国际材料研究学会联盟主席、中国材料研究学会执行秘书长、《自然科学进展：国际材料》(英文期刊)主编。曾任中国航发北京航空材料研究院副院长、科技委主任，中国材料研究学会副理事长和秘书长等职。主要从事航空发动机材料研究工作。获1978年全国科学大会奖、1999年度国家技术发明奖二等奖和多项部级科技进步奖等。在国际国内知名学术刊物上发表论文100余篇，主编公开发行的中、英文论文集20余卷，出版专著5部。

张　韵

工学博士，中国科学院半导体研究所研究员、博士生导师、副所长，国家高层次人才计划入选者。长期从事基于氮化镓半导体材料、深紫外发光器件、面向6G应用的射频器件、电力电子器件等研究。担任国家重点研发计划“新型显示与战略性电子材料”重点专项指南编制组专家，国家重点研发计划“微纳电子技术”重点专项总体组专家，工信部电子信息科学技术委员会常委，中国电子学会半导体与集成技术分会青年副主任委员。主持完成多项国家重大项目，发表论文70余篇、授权专利20余件。

序

前沿新材料是指现阶段处在新材料发展尖端，人们在不断地科技创新中研究发现或通过人工设计而得到的具有独特的化学组成及原子或分子微观聚集结构，能提供超出传统理念的颠覆性优异性能和特殊功能的一类新材料。在新一轮科技和工业革命中，材料发展呈现出新的时代发展特征，人类已进入前沿新材料时代，将迅速引领和推动各种现代颠覆性的前沿技术向纵深发展，引发高新技术和新兴产业以至未来社会革命性的变革，实现从基础支撑到前沿颠覆的跨越。

进入21世纪以来，前沿新材料得到越来越多的重视，世界发达国家，无不把发展前沿新材料作为优先选择，纷纷出台相关发展战略或规划，争取前沿新材料在高新技术和新兴产业的前沿性突破，以抢占未来科技制高点，促进可持续发展，解决人口、经济、环境等方面的难题。我国也十分重视前沿新材料技术和产业化的发展。2017年国家发展和改革委员会、工业和信息化部、科技部、财政部联合发布了《新材料产业发展指南》，明确指明了前沿新材料作为重点发展方向之一。我国前沿新材料的发展与世界基本同步，特别是近年来集中了一批著名的高等学校、科研院所，形成了许多强大的研发团队，在研发投入、人力和资源配置、创新和体制改革、成果转化等方面不断加大力度，发展非常迅猛，标志性颠覆技术陆续突破，某些领域已跻身全球强国之列。

“中国战略性新兴产业——前沿新材料”丛书是由中国材料研究学会组织编写，由中国铁道出版社有限公司出版发行的第二套关于材料科学与技术的系列科技专著。丛书从推动发展我国前沿新材料技术和产业的宗旨出发，重点选择了当代前沿新材料各细分领域的有关材料，全面系统论述了发展这些材料的需求背景及其重要意义、全球发展现状及前景；系统地论述了这些前沿新材料的理论基础和核心技术，着重阐明了它们将如何推进高新技术和新兴产业颠覆性的变革和对未来社会产生的深远影响；介绍了我国相关的研究进展及最新研究成果；针对性地提出了我国发展前沿新材料的主要方向和任务，分析了存在的主要问题，提出了相关对策和建议；是我国“十三五”和“十四五”期间在材料领域具有国内领先水平的第二套系列科技著作。

本丛书特别突出了前沿新材料的颠覆性、前瞻性、前沿性特点。丛书的出版，将对我国从事新材料研究、教学、应用和产业化的专家、学者、产业精英、决策咨询机构以及政府职能部门相关领导和人士具有重要的参考价值，对推动我国高新技术和战略性新兴产业可持续发展具有重要的现实意义和指导意义。

本丛书的编著和出版是材料学术领域具有足够影响的一件大事。我们希望，本丛书的出版能对我国新材料特别是前沿新材料技术和产业发展产生较大的助推作用，也热切希望广大材料科技人员、产业精英、决策咨询机构积极投身到发展我国新材料研究和产业化的行列中来，为推动我国材料科学进步和产业化又好又快发展做出更大贡献，也热切希望广大学子、年轻才俊、行业新秀更多地“走近新材料、认知新材料、参与新材料”，共同努力，开启未来前沿新材料的新时代。

中国科学院院士、中国材料研究学会理事长 魏炳波

国际材料研究学会联盟主席 韩雅芳

2020 年 8 月

前　言

“中国战略性新兴产业——前沿新材料”丛书是中国材料研究学会组织、由国内一流学者著述的一套材料类科技著作。丛书突出颠覆性、前瞻性、前沿性特点，涵盖了超材料、气凝胶、离子液体、镓体系半导体等10多种重点发展的前沿新材料。本书为《镓体系半导体与集成电路》分册。

在我国，半导体材料按照技术成熟的时间顺序分为三代。第一代半导体材料指硅、锗，主要用于集成电路的计算和存储芯片。第二代半导体材料指以砷化镓(GaAs)和磷化铟(InP)为代表的化合物，主要用于通信芯片和光电子芯片，是通信产业的芯片研究的基础。第三代半导体材料指碳化硅(SiC)和氮化镓(GaN)等宽禁带半导体，主要用于电动汽车、电力电子等领域的功率器件和射频器件等。目前还有第四代半导体材料的说法，统称为具有很大发展潜力但市场还不成熟的半导体材料，如氧化镓、锑化镓、金刚石等。

从核心共性元素角度看，半导体材料可以分成两大类。一类是以Ⅳ族元素为核心，比如硅、碳化硅、碳基材料(金刚石、碳纳米管、石墨烯)，特别是硅材料因为在数字集成电路中被广泛应用于大算力芯片、高密度存储芯片等领域而占据统治地位。另一类是以镓元素为核心，如砷化镓、氮化镓、氧化镓、锑化镓等这些化合物半导体材料，可统称为镓体系半导体材料。镓体系半导体材料的主要优势是其具有半导体能带的直接带隙可以带来高光电转换效率、高响应速度和优异的电子输运性能，且能覆盖从紫外、可见光、红外、太赫兹一直到毫米波、微波的常用电磁波谱，是电子信息产业中感知、传输的基石。我国在镓体系半导体研究领域具备全球独一无二的资源优势和自主可控的材料产业基础，发展镓体系半导体科技对筑强电子信息芯片长板起着关键基础作用，对抢占新一代半导体科技制高点具有重要战略意义。

当前，基于硅的集成电路芯片发展最为成熟，已经形成了完整的生态体系。但硅是国外发达国家掌握研究话语权的生态体系，我国使用任何先进的装备、制造技术、电子设计自动化(EDA)工具都受到制约,因此需要在硅集成电路赛道上紧追不舍,并加强基础能力建设。目前传统概念上的镓体系半导体材料与器件研究,基本还停留在系统中独立封装、各司其职的分立元器件上,如半导体激光器、探测器、功率放大器、低噪声放大器、发光二极管等。镓体系半导体未来发展的关键在于向先进的硅集成电路设计和制造产业学习,着重构筑"生态"和"体系",从突破大尺寸、高性能材料核心技术入手,实现8英寸、12英寸晶圆芯片制备技术的突破,从而融入集成电路的最先进科技和设备体系。

我国镓体系半导体科技水平同国外的差距相对较小,仅以中国科学院半导体研究所为例,从早期的砷化镓单晶、砷化镓激光器、氮化镓激光器,到近期的大尺寸磷化铟单晶、锑化镓单晶、高性能锑化镓红外探测器、氮化镓紫外激光器以及面向5G/6G通信的高性能氮化镓射频芯片,科技工作的深度和水平同国际一流研发机构相比基本处于并跑状态。在不久的将来,镓体系半导体芯片将支持在广域电磁波谱段范围内实现感知、计算、传输三者智能融合的终端芯片,并可制备出颠覆性的光-电-智能共融芯片,有望突破性解决大算力芯片的海量数据大带宽传输等一系列科技制高点问题。

本书由中国科学院半导体研究所张韵、沈桂英、陆丹共同编著。具体分工如下:张韵研究员编著第5～8章并负责制订编写提纲、统稿、定稿;沈桂英副研究员编著第1～4章;陆丹研究员编著第9章。

本书述及的多年来的研究工作先后得到中国科学院稳定支持基础研究领域青年团队计划、国家自然科学基金及国家重点研发计划等的资助,谨此致谢。

限于编著者水平,全书不足和挂一漏万之处在所难免,恳请读者批评指正。

编著者
2024年6月

目　　录

第 1 章　砷化镓(GaAs)

1.1　材 料 介 绍

砷化镓(GaAs)由Ⅲ族元素镓(Ga)和Ⅴ族元素砷(As)化合而成,属于Ⅲ-Ⅴ族化合物半导体材料,是典型的镓体系半导体材料,也是目前生产量最大的化合物半导体材料之一。GaAs 具有直接带隙跃迁、介电常数小、电子迁移率高、禁带宽度大和发光效率高等特性,在微电子和光电子领域有巨大的应用空间。在微电子方面,以砷化镓材料为衬底研制的 GaAs 基高速数字集成电路、微波单片集成电路(MMIC)、光电集成电路(OEIC)、金属半导体场效应晶体管(MESFET)、微波电子器件等,具有频率高、速度快、功耗低和抗辐射能力强等优良特性。在光电子方面,基于砷化镓材料可以制作半导体激光器、LED、Micro-LED 和太阳能电池等。进入 5G 时代后,5G 基站的建设以及 5G 手机的推广使 GaAs 基射频器件规模实现稳步增长。此外,随着全球半导体产业的发展,对砷化镓单晶衬底的需求大幅增加,对其衬底质量要求也越来越高。同时,对大尺寸衬底的需求也越来越强烈,高质量、大尺寸的 GaAs 衬底可以有效降低单个器件的成本。因此,尽管砷化镓单晶价格高,其晶片的市场规模到目前为止仍然十分庞大。材料的微观结构决定其宏观性质,因此,深入了解 GaAs 晶体的微观结构及性质对充分发挥其基础价值具有十分重要的意义。

1.2　材 料 特 性

1.2.1　基本性质

GaAs 的晶格结构为闪锌矿结构,晶格常数为 5.65 Å[①],由两组面心立方(FCC)晶格沿空间体对角线方向位移 1/4 长度套构而成,属于立方晶系,$F\bar{4}3m$ 空间群。GaAs 晶胞中每个原子都被 4 个异类原子所包围,砷(Ga)原子与镓(As)原子之间形成共价键,结合成共价四面体结构。由于两种原子的电负性不同,导致 GaAs 晶体结构中的共价键具有一定的离子性。

---

① $Å=1\times10^{-10}$ m。

闪锌矿结构不具有中心对称性，沿[111]方向可以看作是由 Ga 和 As 原子组成的双原子层，因此(111)A 面和 B 面具有极性，电学和化学性质不同。由于极性的存在，虽然(111)晶面的面间距大于(110)面，但是与(111)面相邻的两个晶面由不同的原子组成，(111)面间存在较强的库伦吸引力。因此，(110)面是 GaAs 单晶材料的解理面。此外，A 面和 B 面具有两种不同的悬挂键，B 面有一个未公有化的电子对，具有较高的化学活性。在亲电性介质中 B 面腐蚀速度比 A 面快，它与位错区的腐蚀速度相差不大，所以 A 面可以显示腐蚀坑，B 面则无。极性对晶体生长也有影响，A、B 面生长速度不同，B 面生长速度慢，A 面生长速度快。

GaAs 的能带结构为直接跃迁型，GaAs 的导带极小值和价带极大值处于布里渊区中心，电子从价带到导带的跃迁不需要声子辅助。GaAs 的禁带宽度在 300 K 时为 1.43 eV，带隙比硅(Si)(1.12 eV)大。由于晶体管的温度上限与带隙成正比，因此 GaAs 基晶体管的工作温度可高达 450 ℃。此外，在距 GaAs 导带极小值 0.31 eV 处有一卫星谷，两个极小值能谷曲率不同，导致电子有效质量不同。主能谷中电子的有效质量小，迁移率大；次能谷中的电子有效质量大，迁移率小。在外电场作用下，电子由主能谷迁移到次能谷中，出现电场增大，电流减小的负阻现象，又叫“耿氏效应”。

与硅材料相比，砷化镓具有一系列显著的优势：第一，GaAs 具有较高的能量转换效率；第二，电子迁移率高；第三，易于制成非掺杂的半绝缘体单晶材料，电阻率可达 10^8 Ω·cm 以上；第四，少数载流子扩散长度较短，抗辐射性能好，更适合空间能源领域的应用；第五，温度系数小，能在较高的温度下正常工作。然而，砷化镓材料也存在一定的缺点：第一，资源稀缺，价格昂贵，约为 Si 材料的 10 倍；第二，污染环境，砷化物有毒，会对环境造成污染；第三，机械强度较低，易碎；第四，制备困难，砷化镓在一定条件下容易分解，而且砷材料是一种易挥发性物质，在其制备过程中，要保证严格的化学计量比是一件困难的事。

1.2.2 杂质与缺陷

在 GaAs 中，Ⅱ族元素铍(Be)、镁(Mg)、锌(Zn)、镉(Cd)、汞(Hg)一般是浅受主杂质，但是它们也会与晶格缺陷结合生成深能级复合体，Ⅵ族元素硫(S)、硒(Se)、碲(Te)在砷化镓中均为浅施主杂质。氧元素在砷化镓中的行为比较复杂，在低温熔体中生长的 GaAs 晶体中是浅施主，在高温熔体中生长的 GaAs 晶体中是深施主。Ⅳ族元素硅(Si)、锗(Ge)、锡(Sn)等在Ⅲ-Ⅴ族化合物半导体中呈现两性掺杂特性，在Ⅴ族原子晶格位置上是受主，在Ⅲ族原子晶格位置上是施主。过渡元素铬(Cr)、锰(Mn)、钴(Co)、镍(Ni)、铁(Fe)、钒(V)，其中 V 是施主杂质，其他都是深受主，深能级杂质使 GaAs 电阻率大大增加。Ⅲ族元素硼(B)、铝(Al)、铟(In)取代 Ga 原子，Ⅴ族元素磷(P)、锑(Sb)取代 As 原子，不引入杂质能级，产生等电子效应。

对 GaAs 单晶来说，常用的 n 型掺杂剂是 Te、Sn、Si，p 型掺杂剂是 Zn，制备高阻的半绝缘 GaAs 单晶衬底通常是掺杂 Cr、Fe 和 O。掺杂的方法是将杂质直接加入 Ga 中，或将易挥发的杂质(如 Te)与砷放在一起，加热后通过气相溶入 GaAs 中掺杂。在重掺 Te 时，需把 As 端温度升高，以增加 Te 蒸气压，这时砷蒸气压也增大，造成富 As 的组分过冷，故应放慢拉速。

GaAs 中的点缺陷包括空位、间隙原子和反位缺陷。点缺陷之间以及点缺陷与杂质之间可以形成缺陷复合体，大多起受主作用。点缺陷的产生主要与晶体生长时 As 蒸气压的控制有关。当晶体和组成元素的蒸气压处于热平衡时，改变组成元素的蒸气压即可改变晶体中点缺陷的数量。

GaAs 中的线缺陷主要是位错，GaAs 单晶衬底中的位错延伸到外延层，可能会引起耿氏器件的电击穿，使发光器件发光不均匀、寿命短，或与点缺陷作用等。GaAs 的临界分切应力较小，GaAs 单晶中引入位错的主要原因是应力过大。水平布里奇曼法生长单晶时熔体将会产生大量位错，液封直拉法生长单晶时炉内温度梯度过大也会产生大量位错。除此之外，籽晶中位错的延伸、小平面效应或组分过冷等也会导致晶体中形成大量位错。

GaAs 中的缺陷还表现为晶体中存在的微沉淀，当在 GaAs 单晶中掺入杂质的浓度足够高时，就会发现有微沉淀形成。例如，重掺 Te 的 GaAs 单晶中，当掺入的 Te 浓度比 GaAs 中载流子浓度大时，有一部分 Te 原子会形成非电学活性的微沉淀。GaAs 中的微沉淀对器件的性能有很大的影响，Te 沉淀物会使单异质结激光器内量子效率降低，吸收系数增大，发光不均匀，降低器件性能。

深能级缺陷(EL2)是 GaAs 单晶中一种重要的缺陷。关于 EL2 的微观构成仍存在争议，但基本可以确认 EL2 与 As 反位(As_{Ga})的缺陷复合体相关。EL2 在 950 ℃下性质稳定，在 1 170 ℃高温下会发生分解。经过 800 ℃或 950 ℃热处理可使 EL2 重新产生。EL2 是半绝缘 GaAs 中的主要深施主缺陷，其能级位置在导带下 0.75 eV 处，浓度在 $1\sim2\times10^{16}\ cm^{-3}$ 范围。由于 EL2 的存在，半绝缘 GaAs 中的费米能级钉扎在禁带中央，其半绝缘特性的产生主要是深施主能级 EL2 与浅受主杂质碳补偿的结果。因此，EL2 分布的均匀性及其浓度的变化会使半绝缘 GaAs 的电学性质发生显著变化，从而影响器件正常工作。由于 GaAs 的离解压高，采用熔体法制备 GaAs 单晶时，必须在生长系统中加入过量的砷元素，以实现生长系统内气压与外界气压平衡，而熔体中过量砷越多，生成的体单晶中的砷沉淀缺陷就越多，相应的晶体中 EL2 浓度就越高，从而影响晶体质量。

影响 GaAs 中 EL2 浓度的主要因素有：①晶体的化学配比，EL2 缺陷随 GaAs 晶体生长时熔体中 As 原子分数的增加而增加，As 原子分数小于某临界值，EL2 浓度可下降到探测限以下。②晶体中的掺杂情况，有些杂质原子可以抑制 EL2 的产生，如重掺 Si 的 GaAs 中 EL2 浓度远低于未掺杂的 GaAs 晶体。③GaAs 晶体的热历史，EL2 是在晶体生长后冷却过程中生成的，EL2 浓度对 GaAs 晶体的热历史十分敏感。

1.3 晶体生长和衬底制备

1.3.1 单晶生长技术

砷化镓单晶一般采用熔体法进行生长，熔体法的原理是通过对高温熔体进行降温结晶得到单晶，以应用最为广泛的直拉法为例，其单晶生长过程中的主要步骤包括：高温化料、籽晶熔接、引晶、缩颈、放肩、等径生长和收尾，因此通过熔体法制备高质量单晶的关键问题类似。①控制籽晶晶向、极性、温度分布、保证单晶生长；②建立合理的温度场，降低温度梯度，减小热应力，获得低位错密度材料；③减小化学配比偏离、杂质沾污、温度起伏、缺陷密度；④控制成核和生长过程，避免二次成核，稳定固液界面。针对以上关键问题，在使用熔体法单晶生长过程中，需要关注以下几个重要数据。

(1)最大生长速度：根据对生长系统中热流平衡的简单推导，得到单晶生长的最大生长速度($v_{\max}$)为

$$v_{\max}=k_{s}\frac{\frac{dT_{s}}{dz}}{L\rho} \tag{1-1}$$

式中，L 为结晶潜热；ρ 为晶体密度；k_{s} 为晶体的热导率；$\frac{dT_{s}}{dz}$ 为晶体中纵向温度梯度。因此，提高晶体中的温度梯度可以提高晶体的生长速度，从而提高生产效率。但温度梯度过大，会使晶体中产生较大的热应力，导致位错等晶格缺陷的形成。因此，合适的温度梯度是单晶生长的关键。

(2)固液界面形状：正常情况下，固液界面的宏观形状应该与熔点的等温面相吻合，界面有平坦、凸向熔体和凹向熔体三种形状，其变化取决于生长系统中热量传输情况和晶体尺寸。一般地，在引晶、放肩阶段固液界面凸向熔体，单晶等径生长后，界面先变平再凹向熔体。固液界面对单晶均匀性和完整性有重要的影响，一般可以通过调整晶体的拉晶速度，晶转和埚转速度可以调整固液界面形状。

(3)生长过程中各阶段生长条件的差异：引晶阶段熔体高度最高，裸露坩埚壁的高度最小，到晶体收尾阶段则与此相反。这一特点会造成生长过程中生长条件不断变化(熔体中的对流、热传输、固液界面形状等)，整个晶锭从头到尾经历了不同的热历史；头部受热时间最长，尾部最短；因此单晶轴向、径向杂质分布不均匀。

从 20 世纪 50 年代起，已经开发出多种利用熔体法进行砷化镓单晶生长方法。主流的工业化生长工艺包括：液封直拉法(LEC)、水平布里奇曼法(HB)、垂直布里奇曼法(VB)、垂直梯度凝固技术(VGF)。

1. 液封直拉法

1962年出现液封直拉法(liquid encapsulate-czochralski, LEC),1965年此法应用于GaAs、InP单晶的生长。液封直拉法是在直拉法的基础上,在熔体上方增加覆盖剂,以避免含有挥发性组元的化合物半导体材料在单晶制备过程中受热挥发,偏离化学计量比,从而获得质量更好的化合物半导体单晶的生长方法。

液封直拉法的装置主要包括坩埚、籽晶杆、加热器等部分。其中籽晶杆位于坩埚正上方,下方链接籽晶,可以控制籽晶的旋转。坩埚置于坩埚托中,并与坩埚杆相连,坩埚杆可用于控制坩埚的旋转。液封直拉法(LEC)制备单晶的原理是:在坩埚[一般为热解氮化硼(PBN)坩埚]中放入GaAs多晶,用一种惰性液体(覆盖剂,多为氧化硼B_2O_3)覆盖被拉制材料的熔体,在晶体生长室内充入惰性气体,使其压力大于熔体的分解压力,以抑制熔体中挥发性组元的蒸发损失,然后按通常的直拉技术进行单晶生长。生长开始时,首先升温使GaAs多晶熔化,此时通过控制籽晶杆与坩埚杆反向旋转,下降籽晶杆,使籽晶与熔融砷化镓相接,调节温度,使GaAs熔体在与籽晶接触处获得一定过冷度,从而结晶生长,随后以一定速度上升籽晶杆,获得GaAs单晶。直拉法生长单晶时,温度与热场、籽晶的旋转速度、提拉速度、生长气氛和坩埚的材质,都会直接影响单晶的生长和质量。LEC生长单晶的具体流程与传统直拉法(Cz)相似,即装料、化料、熔晶、引晶、放肩、收肩、等径生长、收尾、降温冷却等工艺流程。

液封直拉法中,覆盖剂应满足的条件有:①密度小于拉制材料;②对熔体和坩埚在化学上必须是惰性的,而且熔体中溶解度小;③熔点低于被拉制材料熔点,且蒸气压低,易去除;④有较高纯度,熔融状态下透明。B_2O_3满足上述要求,密度1.8 g/cm^3,软化温度450 ℃,在1 300 ℃时蒸气压仅为13 Pa,透明性好,黏滞性也好。可用于生长GaAs、InP、GaP和InAs等单晶。

LEC是生长非掺半绝缘砷化镓单晶(SI GaAs)的主要工艺。LEC的优势在于:①在生长过程中,可以实时观察晶体生长情况;②晶体在熔体的自由表面处生长,不与坩埚相接触,可以显著减小晶体的应力并防止在坩埚壁上寄生成核;③能够方便地使用定向籽晶和缩颈工艺,得到完整的籽晶和所需取向的晶体;④LEC可用于制备大尺寸单晶,易于得到柱体单晶,且晶体中含碳量可控。但目前也存在一些问题,主要表现为:①B_2O_3是热的不良导体。在单晶生长过程中,刚生长的晶体处于覆盖层内,它对这部分晶体有“后加热器”作用,因此B_2O_3厚度的选择是重要的工艺参数;②为防止炉内高温烘烤造成单晶表面的分解,炉内纵向温度梯度要加大,晶体因热应力过大造成位错密度大;③B_2O_3易吸水,高温下对石英坩埚有腐蚀,造成一定的硅沾污;④Ga与As的化学计量比不易控制。针对纵向温度梯度大的问题,早在20世纪60年代,一些研究者提出,在半导体生长过程中,应用外部磁场将有助于抑制熔体中随时间变化的湍流对流。至20世纪80年代,对该提议的实验论证相继出现。研究表明,应用外部磁场生长晶体表现出两个主要优点,一方面减少热波动,稳定微观生长速率，从而减少晶体中的缺陷密度；另一方面增加扩散边界层，从而提高掺杂剂的分布均匀性。

2. 蒸气压控制直拉法技术

1983 年，日本创立了蒸气压控制直拉法（VCz）技术。VCz 技术是基于 LEC 技术的改进，其原理是把坩埚-晶体置于一个准密封的内生长室内，内生长室中放置少量 As，使内生长室内充满 As 气氛，在此条件下通过从熔体中降温结晶得到 GaAs 单晶。由于内生长室内充满气体 As，即使在相当低的温度梯度下生长 GaAs 单晶，晶体表面也不至于离解。该方法的优点是得到的单晶的位错密度低；缺点是由于该技术要放置内生长室（且要求较高密封性），使生长系统复杂化，对生长过程不易观察，重复性差。

3. 布里奇曼法

1925 年，布里奇曼创立了布里奇曼法（bridgman method，BM），1957 年将此方法用于生长 GaAs 单晶。按不同生长方向分类，可以分为水平布里奇曼法（horizontal bridgman，HB）和垂直布里奇曼法（vertical bridgman，VB）。其原理是将晶体生长用的原料装在一定形状的坩埚中，缓慢地在一个具有一定温度梯度的加热炉中移动，在加热区域，坩埚中的材料被融化，当坩埚持续移动时，坩埚某些部分的温度先下降到熔点以下，并开始结晶，晶体随坩埚的移动而保持晶体持续长大。

水平布里奇曼法所用的石英管水平放置。在抽真空的石英管内，一端放置盛有高纯镓的舟（高温区），另一端放高纯砷（低温区）。升温后，砷扩散到镓中形成 GaAs，当合成反应达到平衡后，再以定向结晶的方式进行晶体生长，生长速度为 3～12 mm/h。为了使整个体系保持有 9×10^4 Pa 的砷蒸气，所以装入适量的空间砷，单晶生长过程中，砷端控制在 610～620 ℃，以保持砷的平衡压力。

水平布里奇曼法的优点是设备简单，工艺成熟，适合于规模化生产，可制备多种掺杂剂的不同电阻率的单晶，晶体生长界面处的温度梯度低，引入的热应力低，晶体缺陷少。该方法的缺点是生长得到的 GaAs 单晶的截面为 D 形，需滚磨成圆形，造成材料的损耗；由于舟的污染，不能制备非掺杂高纯半绝缘 GaAs 单晶；受重力及石英膨胀的影响，不能生长大尺寸的晶体；该方法主要用于光电器件衬底的生产。

垂直布里奇曼法所用的炉体垂直放置，炉体上部为高温区，温度控制在 1 250 ℃，中部为生长梯度区，温度控制在 1 250～1 220 ℃，下部为低温区，温度控制在 1 150 ℃。通过测试炉体的实际温度，达到以上所述的温度分布曲线。温度不变化，通过从高温区把装料的坩埚向温度梯度区移动，实现砷化镓单晶的生长。

垂直布里奇曼法的优点是生长过程中温度梯度低，有利于降低晶体内的应力，提高晶体完整性；生长环境封闭，有利于控制化学计量比；生长过程为坩埚内熔体的固化过程，生成的晶锭与坩埚形状相同，不需要复杂的等径控制技术；加热器为常用的电阻丝加热方式，设备成本低。缺点是晶体生长过程不可视，不能直观地对晶体生长过程进行监控，从而影响 VB 技术的成晶率、成品率；由于晶体的生长在 PBN 坩埚内进行，PBN 坩埚的内壁状态、PBN 坩埚的材质对晶体生长过程产生影响，导致晶体生长的可重复性低。

4. 垂直梯度凝固法

垂直梯度凝固法(vertical temperature gradient freezing, VGF)是美国学者开发的一项重要技术，目前被广泛应用于制备位错密度低甚至无位错的高质量Ⅲ-Ⅴ族化合物半导体单晶材料。其原理与VB相似，即通过控制多段加热器的功率，实现特定的炉温分布，使固液界面以一定速度由下往上移动，从而获得定向生长的单晶。与VB最大的区别在于温度场和坩埚的相对移动方式，VB的生长炉内的温度场是恒定的，采用机械方法使坩埚与炉膛相对运动，从而实现定向冷却；而VGF的坩埚和炉膛的相对位置固定不变，通过精确控制炉膛内的各个加热器曲线，进行顺序降温，对熔体缓慢降温，实现定向结晶。目前，生长低位错密度InP和GaAs单晶常用此方法。

在VGF工艺中，GaAs材料在熔化过程中，基本上与布里奇曼法相同。但在晶体生长过程中，是通过计算机来控制不同的加热单元的电功率，调整温度按一定的曲线进行变化，保证生长界面稳定地移动。VGF制备的GaAs具有最低的位错密度，低的空位缺陷以及As沉淀等微观缺陷，晶片具有均匀的杂质分布。

相比于布里奇曼法，VGF体现出以下优点：①由于没有机械传动系统，故而消除了机械传动引起的误差以及对熔体和结晶界面的影响；②更容易实现高压条件下的晶体生长；③VGF生长设备由于控制系统的简化，为采用电场、磁场等物理控制技术预留了更多的空间，便于进行相应的结构调整和改进；④在VGF生长过程中，可以对生长系统进行密封，故而容易采用气氛控制和溶剂覆盖等技术。与Cz相比，①VGF不需要复杂的等径控制系统，操作简化；②轴向和径向温度梯度都很小，减少了由热应力大引起的高位错密度，更适合生长低位错密度的大尺寸单晶。但VGF的主要问题在于：①设计复杂，对温度控制精度提出了更为苛刻的要求；②生长过程不可视。砷化镓单晶制备工艺比较见表1-1。

表1-1　砷化镓单晶制备工艺比较

工艺方法	HB	LEC	VB/VGF
位错分布的均匀性	中	中	好
EPD/cm^{-2}	约10^3	约10^5	约10^3
AB腐蚀坑	约10^2	约10^5	约10^2
片均匀性	差	良	好
热应力	低	高	极低
机械强度	高	中	高
温度梯度	低	高	低
降低位错密度的能力	很强	低	很强

续上表

工艺方法	HB	LEC	VB/VGF
化学计量比控制	好	差	好
碳沾污	无	严重	无
晶体直径控制	受限制	很好	很好
晶体形状	D形	圆柱	圆柱
生长观察	能	能	不能
易于生长材料种类	半导体	半绝缘	半绝缘/半导体

1.3.2 GaAs衬底制备技术

为了获得可以进行外延的标准衬底片，需要对生长好的单晶晶锭进行一系列加工，称为衬底制备技术。衬底制备技术是指将晶锭生产为单晶或多晶晶圆片的一系列现代制造工艺。与硅类似，从晶体生长到标准晶圆，镓体系半导体GaAs衬底的获得也要经历“晶锭截断→滚圆和定向→切片→倒角→研磨→抛光→清洗封装”的基本流程。

1. 晶锭截断

由于杂质分凝现象，故意掺杂的杂质在晶锭头部和尾部分布极为不均匀。同时由于晶体头部和尾部在生长时受到的温度梯度波动较大，晶锭直径波动大，晶体质量较差，不能满足器件应用的要求。因此，在开始加工前应首先切去晶锭的头部和尾部(尤其是尾部，由于尾部的杂质含量较高)，截取满足后续加工工艺的适当晶体长度。切割时保证截面平整并与晶锭的轴线方向垂直。

2. 滚圆和定向

在晶体生长过程中，由于坩埚壁不平整以及旋转、提拉速度波动等因素，晶锭的直径会有所波动，导致圆柱形晶锭的侧表面出现起伏。为控制加工后得到的晶圆片的直径的一致性，需要对晶锭进行滚圆处理。滚圆就是将晶锭修剪成具有一致横截面面积的圆柱形的过程。整个滚圆过程需要经过整形、粗磨、中磨和精磨四个步骤。然后保持滚圆后的单晶晶锭不动，利用金刚石砂轮切割定向平面或凹口，以便在后续加工过程中识别晶体取向。

3. 切片

将晶锭切割成一定厚度的晶圆片。在早期的晶圆片生产中，一般采用内圆切割。内圆切割利用其内孔边缘涂有工业金刚石磨料并高速旋转的刀片对单晶晶锭进行切割，同时有一个机械装置将晶锭(或刀片)送入刀片(或晶锭)。在微电子应用中，随着晶圆直径增大，刀片的内径也需要增大，以容纳晶锭和夹具。然而，对于直径较大的晶锭，一些实际问题的限制因素使内圆切割法不再适用。现在多使用多线切割，它具有切割大直径晶锭的能力，而且具有产量高、切缝损耗低等优点。钢线等间距排列构成钢线面，并携带高硬度磨料，使钢线作高速地往复运动,同时与晶锭做相对运动即可实现切片。

4. 倒角

锭被切割成晶圆后会形成锐利的边缘,有棱角、毛刺、崩边,甚至有小的裂缝或其他缺陷。为了防止晶圆边缘破裂及晶格缺陷产生,增加晶圆边缘表面的机械强度,减少颗粒污染,同时避免和减少在后面的加工工序中产生的崩边现象,需要使用带有金刚石颗粒的特殊磨轮或砂纸等将晶片边缘的细小裂纹磨平并去除,最终呈现圆弧形。

5. 研磨

基于自由磨料研磨工艺,有效去除多线切割带来的表面损伤,改善晶片的表面粗糙度和平整度。自由磨料研磨工艺的主要机理是,悬浮在浆料中的磨料在压力作用下降低表面粗糙度和去除亚表面损伤的机械过程。研磨后的晶片需要用去离子水冲洗掉表面残留的磨料并用化学试剂在一定条件下腐蚀,去除由研磨引入的表面损伤层,最终达到无崩边、无裂纹、无擦伤等目的。

6. 化学机械抛光

抛光是晶片加工技术中一道非常重要的工序,直接决定了外延衬底的质量。通常采用化学机械抛光技术获得表面质量优异的 GaAs 单晶片。晶片抛光的主要目的是产生一个平整的、无机械损伤和化学污染的镜面;次要目的是考虑晶片厚度的均匀性和可重复性。抛光前,高温下将蜡熔化,使 GaAs 晶片经降温后粘在抛光铊上。使用含有氧化剂和胶体磨料的抛光液对 GaAs 进行化学机械抛光,需要抛光的一面与抛光布接触。抛光开始后,GaAs 晶片与抛光液接触并发生反应,生成一层比 GaAs 本体更软的反应层,通过抛光铊和抛光布不断旋转,抛光布上的胶体磨料不断对反应层产生摩擦,从而产生材料去除。在抛光过程中,上述化学反应和摩擦过程不断进行,最终获得镜面。

7. 清洗封装

在切片、倒角、腐蚀和抛光过程中,一些有机物、灰尘或者颗粒会通过物理或化学吸附作用吸附在晶片的表面,所以最后需要在超净的环境中进行清洗,去除晶片表面的污染物,获得表面干净的衬底材料。一般地,清洗是按照去除有机物、去除颗粒物、去除金属离子的顺序进行的。清洗后的晶片经过质量检测,若满足要求,最后进行封装即可。

1.4　材料发展现状及应用

1.4.1　材料发展现状

砷化镓是一种自然界中并不存在的材料,最早在 1929 年由人工合成。1952 年,德国科学家发现 GaAs 材料具有半导体性质,这一发现使国际社会开始广泛关注砷化镓材料,并促使越来越多的科研学者进行深入研究。1954 年世界上首次发现 GaAs 材料具有光伏效应。

1956 年,有学者使用一个热场装置成功生长了 GaAs 单晶。此后,先后有学者用直拉法、区浮法和水平布里奇曼法制得 GaAs 单晶。到了 20 世纪 60 年代,晶体水平生长机制的研究和外延法的发展让 GaAs 晶体的生产工艺与质量有了显著提高。1962 年,在林兰英院士的带领下,我国研制出了首个 GaAs 单晶样品。1963 年,GaAs 被发现具有耿氏效应。1964 年,GaAs 单晶衬底进入到实用阶段,多用于光电元件和高频通信用元件。同年,我国第一支 GaAs 二极管激光器被成功研制出来。1968 年,GaAs 基红色发光管的成功研制,推动了 GaAs 产业的火热发展,GaAs 的产量和质量迅速提升。20 世纪 80 年代,LEC 逐渐成熟,呈现各自单晶生长方法发展成熟阶段。20 世纪 90 年代,长晶方法进入飞速发展阶段,VGF 和 VB 均发展成熟,抢占了大部分市场,主要在日本发展较快。2000 年以后,德国已经能生长 8 英寸[①]的砷化镓晶体但位错密度较高。2001 年,北京有色金属研究总院成功研制出国内第一根直径 4 英寸 VCz 半绝缘砷化镓单晶,使我国成为继日本、德国之后第三个掌握此项技术的国家。此后,随着移动设备的普及,砷化镓衬底开始逐步用于生产移动设备的射频器件中。如今,随着现代工业冶炼提纯技术的进步和微电技术的发展,砷化镓材料已经是Ⅲ-Ⅴ族化合物半导体材料中应用最为广泛、相关技术最为成熟的材料,进入规模化应用阶段。

目前,在微电子领域使用的半绝缘砷化镓,主要通过垂直梯度凝固法(VGF)或垂直布里奇曼法(VB)进行单晶生长,单晶尺寸以 4 英寸和 6 英寸为主,主要制成射频(RF)功率器件。在光电子领域,单晶尺寸以 2～6 英寸为主,主要用于制成 LED。全球领先的三家 GaAs 衬底制造商为日本 SEI、德国 Freiberger 和美国 AXT。美国 AXT 是全球首家将 VGF 技术用于大规模生产的厂家,为产业界提供了不同尺寸、低位错密度的高质量衬底。目前 6 英寸 GaAs 衬底是主流产品,8 英寸已经开始产业化。国际上,美国 AXT、德国 Freiberger 及日本住友都可以提供 8 英寸半绝缘型 GaAs 衬底。LED 用砷化镓单晶国外生产厂商为韩国 ProwTech 和日本住友,生长方法为 VGF 法。国内生产厂商为有研国晶辉新材料有限公司(以下简称有研国晶辉),生长方法为水平布里奇曼法(HB)和 VGF。随着对红外 LED 集成度提高和降低成本的需求,红外 LED 用砷化镓单晶总的发展趋势是大直径和长尺寸化。韩国 ProwTech 生产的红外 LED 用砷化镓单晶主要以 2.5 英寸为主,尺寸较小,迁移率低于 3 000 $cm^2/(V \cdot s)$,利用率较低。日本住友和中国有研国晶辉生产的红外 LED 用砷化镓单晶主要以 3 英寸为主,尺寸较大,在迁移率等常规电学指标上水平相当。

1.4.2 砷化镓器件应用

根据 GaAs 单晶衬底的电导率的差异,可将其分为两大类材料,其一是电导率相对较低的半绝缘砷化镓材料,其二是电导率相对较高的半导体砷化镓材料。半绝缘砷化镓材料主

---

① 1 英寸=25.4 mm。

要用于制作金属半导体场晶体管(MESFET)、高电子迁移率晶体管(HEMT)和异质结双极晶体管(HBT),这些器件广泛应用于制作 GaAs 微波大功率器件、GaAs 低噪声器件、微波毫米波单片集成电路、超高速数字集成电路。从宏观大类来看,基于 GaAs 衬底制备的器件广泛应用于雷达、卫星电视广播、微波及毫米波通信、超高速计算机及光纤通信等领域。半导体砷化镓材料可以用于制备光通信有源器件、半导体发光二极管(LED)、高效太阳能电池、霍尔器件,广泛应用于家用电器、工业仪表、大屏幕显示、办公自动化设备、交通管理等方面。

GaAs 基集成电路与 Si 基集成电路相比,具有显著的优势,即在相同的功耗下,GaAs 基集成电路的速度比 Si 基集成电路的速度更快。这一优势与 GaAs 电子迁移率高、禁带宽度大、本证载流子浓度低、肖特基势垒高、是直接跃迁型能带结构及具有负阻效应的特性有关。但 GaAs 材料与 Si 材料相比,也有不利的一面。(1)GaAs 的空穴迁移率比电子迁移率低得多,同质 GaAs 结构很难形成类似 Si 的双极形式的电路结构;(2)GaAs 材料很脆,热导率较低;(3)GaAs 与其本体氧化物或其他绝缘层之间的界面态密度较高,难以找到像 Si 器件中那样具有良好黏性和绝缘层性能的介电材料,从而难以实现 MOS 和 MIS 结构的器件。

砷化镓晶片是一种高频传输使用的晶片,频率高、传输距离远、传输品质好、可携带信息量大、传输速度快、耗电量低,适合传输影音内容,符合现代远程通信要求。砷化镓具有抗辐射性,不易产生信号错误,特别适用于避免卫星通信时暴露在太空所产生的辐射问题。砷化镓材料操作温度高达 200 ℃,不易因高频所产生的热能影响到产品稳定性。以砷化镓作为半导体衬底材料的单片集成电路包含多种功能电路,如低噪声放大器、功率放大器、开关器件、混频器等,广泛应用于手机无线通信、光纤通信、高频卫星通信、汽车雷达、航空国防等领域,频率覆盖可达 900 MHz~100 GHz。GaAs 微波单片集成电路(MMIC)的三种主要制造工艺是异质结双极型晶体管(HBT)、金属半导体场效应晶体管(MESFET)和应变式高电子迁移率晶体管(pHEMT)。

(1)异质结双极晶体管(HBT)

异质结双极晶体管与同质结双极晶体管最显著的区别是在异质结双极晶体管中,发射结为异质结,发射区材料的禁带宽度大于基区禁带宽度。宽禁带发射区可以抑制由基区向发射区的少子注入,提高发射极的注入效率,得到更高的增益。目前,随着材料生长技术和 HBT 理论快速发展,HBT 的性能不断提高,并被广泛应用在功率放大、微波与毫米波和光纤通信等电路系统中。从本质上说,HBT 的高性能来自它的双极特性。HBT 发射极采用宽禁带材料,基极和集电极采用窄禁带材料。由于材料不同,HBT 在异质界面处存在导带不连续和价带不连续。其中价带不连续阻挡基区空穴向发射区反向注入,所以 HBT 的电子注入效率和电流增益大大提高。作为超高速半导体器件,HBT 的性能主要由材料体系的电子迁移率、禁带宽度和导带不连续等特性决定。材料体系不同,HBT 的性能有很大差别。常用的 HBT 材料体系有 Si/GeSi、AlGaAs/GaAs、GaInP/GaAs、AlGaInP/GaAs 和 InGaAs/InP 等。

AlGaAs/GaAs HBT：在Ⅲ-Ⅴ族化合物基 HBT 中，最早被研究的是 AlGaAs/GaAs HBT 器件。这一材料体系在 HBT 制备中有许多优点，主要体现在：①AlGaAs/GaAs 材料体系的晶格匹配非常好，在室温下，AlAs 与 GaAs 的晶格失配常数在 0.14%量级。而且由于二者热膨胀系数相差很小，在典型晶体生长温度下，晶格常数的失配甚至更小。当 Al 组分任意变化时，AlGaAs 与 GaAs 可以一直保持晶格匹配，这就使得外延生长中成分控制上的限制大大减小。②GaAs 电子具有速度过冲效应。在强电场（>3 kV/cm）下，GaAs 中的电子在稳态条件下具有负的微分迁移率，其速度会下降至饱和值 $0.8\times10^{7}\sim1.0\times10^{7}$ cm/s。当电子进入强场区时，短时间内它们的速度会大大超过这个极限值。③GaAs 的本征材料是很好的半绝缘体。由于衬底中很容易产生深能级，而深能级可以将费米能级钉扎在禁带中央附近，因此，衬底的电阻率很容易接近这个极限值。衬底的半绝缘特性使器件和互连之间的绝缘变得更简单。④禁带差异可以很大。合金系统的禁带宽度随组分变化很大，在临界组分以下，能带结构是直接跃迁型；临界值以上变为间接跃迁型。

但 AlGaAs/GaAs 材料体系也有不利的方面：①AlGaAs/GaAs 材料带隙差大，并且主要是导带不连续，导致发射极导带势垒很大，HBT 开启电压较高。利用 AlGaAs/GaAs 材料晶格匹配好的特性，采用缓变发射极结构可以削弱发射极的导带尖峰，并减小开启电压。②AlGaAs 中 Al 组分容易发生氧化，影响 HBT 的稳定性和寿命。③AlGaAs 和 GaAs 材料的选择腐蚀性差，器件制作工艺难度大。

InGaP/GaAs HBT：直到 20 世纪 90 年代的后期，该复合材料才得以研究慢慢取代 AlGaAs/GaAs 变成了制作异质结双极型晶体管的首选材料。两者相比，InGaP/GaAs 的优点为：①InGaP/GaAs 有着更好的注入效率。②InGaP 和 GaAs 之间的材料有着良好的选择腐蚀性，较为容易制成器件，重复性好。③其不存在 AlGaAs 材料的氧化问题，InGaP/GaAs HBT 稳定性好且寿命长。

（2）金属半导体场效应晶体管（MESFET）

GaAs 基 MESFET 器件的核心结构就是肖特基二极管，其结构可以简单地理解为在 GaAs 基肖特基二极管两端增加了源极和漏极，构成了三端 GaAs 肖特基势垒场效应管，即为 GaAs 金属半导体场效应管（MESFET）。GaAs 基 MESFET 器件的源漏电压（V_{DS}）和栅源电压（V_{GS}）共同调制器件有源层内部载流子的运动情况，即器件的沟道电流是以上两个电压的函数。GaAs MESFET 是 GaAs 材料在微波以及毫米波领域的一个非常重要的应用。由于 GaAs 基 MESFET 是多数载流子导电的器件，其肖特基栅下无氧化层，不像 MOS 器件那样容易遭受电离辐射导致氧化物电荷和界面态等辐射缺陷，从而具有较高的抗辐射损伤能力。以 GaAs 基 MESFET 为有源器件的单片及混合电路广泛应用于空间环境下，是通信卫星、相控阵雷达 T/R 组件、电子对抗、导弹制导系统中的重要配置元件。

（3）应变式砷化镓高电子迁移率晶体管（pHEMT）

随着分子束外延（MBE）和金属有机物化学气相沉积（MOCVD）等材料生长技术与电子

束(EB)等微细加工技术的发展，诞生了 GaAs 基微结构外延材料与器件。1980 年，科研工作者利用能带工程围绕着异质结中的宽禁带势垒层、窄禁带沟道层以及缓冲层开展了大量工作，研制出第一代 n-$Al_xGa_{1-x}As$/GaAs HEMT。为得到大电流和高跨导，需提高异质结的导带不连续值 ΔE_c，以增强其对沟道载流子的限制作用，同时缩小沟道层材料的禁带宽度以降低载流子的有效质量，从而提高载流子的迁移率。应变式高电子迁移率晶体管(pHEMT)工艺是对 HEMT 的一种改良结构。最初的 HEMT 是用窄带隙的 GaAs 作沟道，虽然具有很好的高频、高速特性，但其温度稳定性差。而 pHEMT 采用禁带更窄的不掺杂的 InGaAs 作沟道，具有双异质结结构，提高器件阈值电压的温度稳定性的同时改善了输出特性。

GaAs 衬底在光电子领域也具有极其重要的应用，基于砷化镓材料可以制作发光二极管。GaAs 是直接带隙半导体材料，禁带宽度 1.424 eV，可以制作 870 nm 波长近红外光发光管。AlAs 是直接带隙半导体材料，禁带宽度 2.168 eV，可以制作 572 nm 波长黄绿光发光管。对于 $Al_xGa_{1-x}As$ 复合半导体，当 $0<x<0.45$ 时，为直接带隙材料；$GaAs_{1-x}P_x$ 复合半导体，当 $0<x<0.45$，为直接带隙材料。在低阻 GaAs 材料外延生长以上两种中任何一种复合材料，就可制作出从黄绿到远红外光谱的发光二极管(LED)。具体地，GaAsP/GaAs 结构用于制作红光 LED，GaAlAs/GaAs 结构用于制作高亮度红光 LED，InGaAlP/GaAs 结构用于制作高亮度橙黄 LED。目前制作 LED 都是采用 MOCVD 外延工艺，以砷化镓材料作为衬底，外延生长 AIGaAs 三元或 AIGalnP 四元系外延层结构。

GaAs 太阳能电池的发展是从 20 世纪 50 年代开始的，至今已有 70 多年的历史。1956 年，科研人员指出禁带宽度(E_g)在 1.2～1.6 eV 范围内的材料具有最高的转换效率。历史上首次制成的 GaAs 太阳能电池效率只有 6.5%。20 世纪 60 年代研制出第一个掺锌 GaAs 太阳能电池，效率提高到 9%～10%。20 世纪 70 年代，以 IBM 公司和苏联 Ioffe 技术物理所等为代表的研究单位，采用液相外延技术(LPE)引入 GaAlAs 异质窗口层，降低了 GaAs 表面的复合速率，使 GaAs 太阳电池的效率达到 16%。20 世纪 80 年代后，GaAs 太阳电池技术经历了从 LPE 到 MOCVD，从同质外延到异质外延，从单结到多结叠层结构的几个发展阶段，目前实验室最高效率已超过 50%。

参考文献

[1] 兰天平，边义午，周春锋，等．VGF 法半绝缘 GaAs 单晶 EL2 浓度优化研究[J]. 人工晶体学报，2020，49(3)：412-416.

[2] RUDOLPH P，JURISCH M. Bulk growth of GaAs An overview[J]. Journal of Crystal Growth，1999，198：325-335.

[3] 蒋荣华，肖顺珍．GaAs 单晶生长工艺的发展状况[J]. 光机电信息，2003(7)：11-17.

[4] RUDOLPH P, CZUPALLA M, FRANK-ROTSCH C, et al. Semi-insulating 4-6 inch GaAs crystals grown in low temperature gradients by the VCz method[J]. Journal of Ceramic Processing Research, 2003, 4(2):62-66.

[5] MORAVEC F, PELIKÁN M. Horizontal bridgman growth of gaas single crystals[J]. Crystal Research and Technology, 1985, 20(1):21-25.

[6] RAWLINS F I G. Crystal structure and chemical constitution:a general discussion held by the Faraday Society, March 1929[J]. Nature, 1929, 124(3119):219-221.

[7] WELKER H, WEISS H. Group Ⅲ-Group Ⅴ Compounds[M]//SEITZ F, TURNBULL D. Solid state physics:vol. 3. Pittsburgh Academic Press, 1956.

[8] GREMMELMAIER R. Notizen: Herstellung von InAs-und GaAs-Einkristallen[J]. Zeitschrift für Naturforschung A, 1956, 11(6):511-513.

[9] KURU I, ROBSON P N, KINO G S. Some measurements of the steady-state and transient characteristics of high-field dipole domains in GaAs[J]. IEEE Transactions on Electron Devices, 1968, 15(1):21-29.

[10] CRESSLER J D. SiGe HBT technology: a new contender for Si-based RF and microwave circuit applications[J]. IEEE Transactions on Microwave Theory and Techniques, 1998, 46(5):572-589.

[11] WANG N L, HO W J, HIGGINS J A. AlGaAs/GaAs HBT linearity characteristics[J]. IEEE Transactions on Microwave Theory and Techniques, 1994, 42(10):1845-1850.

[12] HO W J, CHANG M F, SAILER A, et al. GaInP/GaAs HBT's for high-speed integrated circuit applications[J]. IEEE Transactions on Electron Devices, 1993, 40(11):2113-2114.

[13] YOW H K, HOUSTON P A, BUTTON C C, et al. Heterojunction bipolar transistors in AlGaInP/GaAs grown by metalorganic vapor phase epitaxy[J]. Journal of Applied Physics, 1994, 76(12): 8135-8141.

[14] ESAME O, GURBUZ Y, TEKIN I, et al. Performance comparison of state-of-the-art heterojunction bipolar devices (HBT) based on AlGaAs/GaAs, Si/SiGe and InGaAs/InP[J]. Microelectronics Journal, 2004, 35(11):901-908.

[15] FUKUI H. Determination of the basic device parameters of a GaAs MESFET[J]. The Bell System Technical Journal, 1979, 58(3):771-797.

[16] MIMURA T, HIYAMIZU S, FUJII T, et al. A new field-effect transistor with selectively doped GaAs/n-AlxGa1-xAs heterojunctions[J]. Japanese Journal of Applied Physics, 1980, 19(5):L225.

[17] LI S S. Semiconductor Physical Electronics[M]. New York:Springer, 2006.

[18] BRADLEY R R, ASH R M, FORBES N W, et al. Metalorganic chemical vapour deposition of junction isolated GaAlAs/GaAs LED structures[J]. Journal of Crystal Growth, 1986, 77(1): 629-636.

[19] SUGAWARA H, ISHIKAWA M, HATAKOSHI G. High-efficiency InGaAlP/GaAs visible light-emitting diodes[J]. Applied Physics Letters, 1991, 58(10):1010-1012.

[20] YAMAGUCHI M. High-Efficiency GaAs-Based Solar Cells[M]//MUZIBUR R M, MOHAMMED A A, KHAN A, et al. Post-transition metals. IntechOpen, 2021.

[21] JENNY D A, LOFERSKI J J, RAPPAPORT P. Photovoltaic Effect in GaAs p-n Junctions and Solar Energy Conversion[J]. Physical Review, 1956, 101(3):1208-1209.

第2章 锑化镓(GaSb)

2.1 材料介绍

在Ⅲ-Ⅴ族化合物半导体材料中，最早被研究的是GaAs和InP，它们在微电子和光电子领域具有重要应用，可以作为衬底外延生长InGaAs、InAlAs和AlGaAs等材料，用于制备太阳能电池、发光二极管和高电子迁移率晶体管等多种器件。在此之后，窄带隙化合物半导体材料GaSb和InAs也逐渐受到了研究人员的关注，它们和AlSb同属于Ⅲ-Ⅴ族6.1 Å系Sb基材料。作为衬底材料，与外延层之间产生尽量小的晶格失配尤为重要。GaSb、InAs和AlSb之间的晶格常数接近，相互之间产生的晶格失配小，因此，可以通过调节组分外延生长各种复杂的三元或四元化合物，以获得优异的外延层质量。

目前，由这几种材料组成的化合物体系可以形成多种器件。得益于分子束外延生长系统(MBE)的研究及发展，实现了对于半导体材料的原子级别控制，基于MBE生长的超晶格的出现更开阔了人们对于半导体研究的另一个世界。MBE能够在原子级别生长材料，基于MBE的发展，GaSb基的超晶格材料及器件如InAs/GaSb，InAs/GaSb/AlSb，AlGaAs/InAs/GaSb/AlSb等红外光电探测器和量子点激光器探测器发展迅速。基于GaSb衬底的探测器件包含了2～30 μm的整个波段探测范围，有广阔的应用市场和潜力，常用于导弹的尾焰探测系统、单兵战斗的夜视仪、森林火灾检测系统及环境污染气体检测等和夜视观察、工业气体及水蒸气检测等。而通过GaSb基超晶格的子带间吸收，还可以实现达到32 μm波段的远红外探测。GaSb基的红外探测器往往可以应用于夜视仪、导弹尾焰识别、火灾检测系统、气体检测系统等，在各领域都有广阔的市场。这些优良性质使得GaSb单晶衬底材料获得了基础研究与器件制备的广泛关注，同时也对高结晶质量、低缺陷密度以及不同掺杂水平的GaSb单晶的晶体生长与加工工艺提出了更高的要求。

2.2 材料特性

2.2.1 GaSb单晶的晶体结构

Ⅲ-Ⅴ族化合物半导体是由位于第Ⅲ主族的原子和位于第Ⅴ主族的原子按照1∶1化合

形成的。除了少数几种Ⅲ-Ⅴ族化合物半导体材料(GaN、AlN、BN 和 InN)的晶体结构为纤锌矿结构外,包括 GaSb 在内的大多数Ⅲ-Ⅴ族化合物半导体都是闪锌矿结构,这种晶格结构和Ⅳ族元素半导体的金刚石结构有相似之处。但不同之处在于,金刚石结构是由同一种原子构成,而闪锌矿结构是由第Ⅲ主族原子和第Ⅴ主族原子两种原子构成,该结构是由这两种原子各自组成的面心立方结构沿着体对角线位移 1/4 体对角线的长度嵌套形成的。闪锌矿结构属于立方晶系,在闪锌矿结构中,每个Ⅲ族原子周围都紧邻 4 个Ⅴ族原子,而每个 Ⅴ族原子周围也都紧邻 4 个Ⅲ族原子,分别构成正四面体结构,四面体中心为其中一种原子(Ⅲ族原子或Ⅴ族原子),四面体的四个顶角为 4 个异种原子(不同于四面体中心的原子),四面体中心原子和 4 个顶角上的原子会形成键角为 109°28′的四面体键。在Ⅳ族元素半导体中,每个原子最外层有 4 个价电子,它们之间只以共价键相连接,但对于Ⅲ-Ⅴ族化合物半导体而言,由于Ⅲ族原子的最外层有 3 个价电子,Ⅴ族原子的最外层有个价电子,它们最外层的价电子数不等,在组成化合物时,Ⅴ族原子会拿出一个价电子给Ⅲ族原子,它们之间相互作用形成 sp^3 杂化,构成四个共价键,但由于形成的正负离子间存在电荷的相互吸引,所以也会具有一定的离子键成分。Ⅲ族原子和Ⅴ族原子之间的电负性相差越大,构成的化合物半导体的离子键成分越大。

由于Ⅴ族原子的电负性较大,所以它具有强于Ⅲ族原子的吸引电子的能力,使得化学键中的电子与Ⅴ族原子的结合更为紧密,导致在Ⅴ族原子附近形成较大的电子云密度,与此同时,电子云密度在以离子键结合的离子间连线的中心处几乎为零,由此便会造成电子云的不均匀分布,产生所谓的"极化现象"。由于极化现象,电子云有向Ⅴ族原子移动的趋势,致使Ⅴ族原子处出现负有效电荷,而Ⅲ族原子处出现正有效电荷。这种除了共价键之外还具有离子键的特性,被称为Ⅲ-Ⅴ族化合物半导体的"极性"。

闪锌矿结构在晶体对称性方面与金刚石结构有所不同,具有金刚石结构的元素半导体硅和锗分别是由同一种原子构成,它们在[111]方向上具有对称性,而 Ⅲ-Ⅴ族化合物半导体是由两种不同的原子构成,因此闪锌矿结构不具有中心对称性。从垂直[111]方向看,GaSb 是由 Ga 原子层和 Sb 原子层组成的双原子层按照一定顺序堆积排列而成的,由 Ga 原子指向 Sb 原子的方向为[111]方向,而从 Sb 原子指向 Ga 原子方向为$[\bar{1}\bar{1}\bar{1}]$方向,因此晶体在[111]和$[\bar{1}\bar{1}\bar{1}]$方向并不等价,它们具有不同的物理性质。沿[111]方向看,Ga 原子层位于 Sb 原子层后面,而沿$[\bar{1}\bar{1}\bar{1}]$方向看,Sb 原子层位于 Ga 原子层后面,又由于电子云密度在 Ga 原子与 Sb 原子周围的分布不同,所以这个双原子层也被称为电偶极层,[111]轴为极性轴。(111)面和$(\bar{1}\bar{1}\bar{1})$面具有不同的原子键结构和有效电荷,这两个面分属电偶极层的一边,规定 Ga 原子层为(111)面(也称 A 面),Sb 原子层为$(\bar{1}\bar{1}\bar{1})$面(也称 B 面),GaSb 在这两个面上的物理化学性质存在差异,也称 GaSb 在〈111〉方向上存在极性,它对晶体生长、解理和化学腐蚀均有影响。

2.2.2　GaSb 单晶的基本物理特性

GaSb 单晶是一种具有银灰色金属光泽的固体，质地脆软，在室温下 GaSb 的密度为 5.613 g/cm^3，晶格常数为 0.609 5 nm，其晶格常数 a 随温度的变化为

$$a=a_0+a_1t+a_2t^2+a_3t^3+a_4t^4 \tag{2-1}$$

式中，t 表示温度，单位为℃；a_0、a_1、a_2、a_3、a_4 为常数，数值分别是 6.095 882 Å、3.496 3×10^{-5} Å/℃、3.345 6×10^{18} Å/℃^{2}、−4.630 9×10^{-11} Å/℃^{3}、2.636 9×10^{-14} Å/℃^{4}。

GaSb 是一种窄禁带直接带隙化合物半导体材料，其能带结构由多个子带构成，导带具有三个不同的能谷，这三个能谷的极小值分别位于布里渊区中心的 Γ6 处、〈111〉方向上高于 Γ6 能谷 0.085 eV 的 L6 处以及〈100〉方向距 Γ6 上方 0.43 eV 的 X6 处，其中导带的最小值处于布里渊区中心的 Γ6 处。由于导带的 L6 能谷与导带最小值 Γ6 能谷的能量十分接近，所以室温下 L6 能谷的谷底内会聚集大量电子，这会引起电子的能谷间散射，但位于 L6 能谷内的电子的有效质量较大，所以会对 GaSb 整体的电子迁移率造成影响。GaSb 的价带是由重空穴带、轻空穴带以及自旋轨道耦合分裂带(SO)三条能带组成，其中第三个能带的裂距 E_{SO}(Γ7→Γ8)为 0.8 eV。室温下，GaSb 的禁带宽度(E_g)(Γ8→Γ6)为 0.726 eV，禁带宽度(E_g)、L 能谷和 X 能谷的最低间接带隙(E_L)(Γ8→L6)、(E_X)(Γ8→X6)以及导带和价带的有效状态密度 N_c、N_v 随温度的变化规律分别为

$$E_g=0.813-3.78\times10^{-4}\frac{T^2}{T+94} \tag{2-2}$$

$$E_L=0.602-3.97\times10^{-4}\frac{T^2}{T+94} \tag{2-3}$$

$$E_X=1.142-4.75\times10^{-4}\frac{T^2}{T+94} \tag{2-4}$$

$$N_c=4.0\times10^{13}\times T^{\frac{3}{2}} \tag{2-5}$$

$$N_v=3.5\times10^{15}\times T^{\frac{3}{2}} \tag{2-6}$$

式中，T 代表温度，单位为 K，T 的取值范围为 $0<T<300$ K。禁带宽度除了与温度有关，与掺杂浓度也有关，当掺杂浓度过高时，会出现禁带变窄效应。n 型 GaSb 的禁带宽度(E_g)随掺杂施主浓度(N_d)的变化为

$$E_g=13.6\times10^{-9}\times N_d^{1/3}+1.66\times10^{-7}\times N_d^{1/4}+1.19\times10^{-12}\times N_d^{1/2} \tag{2-7}$$

p 型 GaSb 的禁带宽度(E_g)随掺杂受主浓度(N_a)的变化为

$$E_g=8.07\times10^{-9}\times N_a^{1/3}+2.80\times10^{-7}\times N_a^{1/4}+4.12\times10^{-12}\times N_a^{1/2} \tag{2-8}$$

2.2.3　GaSb 单晶的光电特性

GaSb 本身具有较好的光学性质，最初用于热光伏电池的研究，传统的热辐射电池可以

通过吸收热辐射通过半导体 pn 结，然后产生光电效应，热光伏电池摆脱了太阳光的局限性，从而不受天气，昼夜等影响。室温下，GaSb 禁带宽度为 0.725 eV，所处波段为 1.7 μm 在近红外波段，因此基于 GaSb 的热光伏电池可以吸收普通燃料产生的热量来进行红外热发电，而基于热效应的红外探测器，红外激光器等器件则可以基于该效应来进行相应的实验及探测。

本征 GaSb 具有 p 型导电特性，本征载流子浓度约为(1～3)×10^{17} cm^{-3}，对于 GaSb 的电学特性，如迁移率、电导率等会受到其内部存在的本缺陷及复合中心的影响。空穴迁移率和浓度较高是由于本征 GaSb 内部存在大量的受主缺陷造成的，这些缺陷的存在形成了缺陷散射复合中心，影响了 GaSb 电学传导特性，因此需要对 GaSb 进行杂质掺杂，通过杂质补偿来提高其电学特性和降低其本征缺陷复合中心。

2.2.4 GaSb 单晶中的杂质和缺陷

在 GaSb 单晶中存在大量的本征缺陷，包括：Ga 空位(V_{Ga})、Sb 空位(V_{Sb})、Ga 占 Sb 反位(Ga_{Sb})、Sb 占 Ga 反位(Sb_{Ga})以及上述缺陷形成的缺陷复合体(如 $V_{Ga}Ga_{Sb}$)等。这几种缺陷态同时存在于原生 GaSb 中，非掺杂 GaSb 单晶通常呈 p 型电导率，Hall 测试载流子浓度约为 10^{17} cm^{-3}量级。因此原生 GaSb 中的受主缺陷浓度为 10^{17} cm^{-3} 量级，该载流子浓度与生长方式基本无关，无论是水平布里奇曼法(HB)，直拉法(Cz)，液相外延法(LPE)，垂直梯度凝固法(VGF)等均得到 p 型的 GaSb 单晶，载流子浓度为 10^{17} cm^{-3}，化学气相沉积(CVD)，分子束外延生长法(MBE)等由于能够达到原子级别的控制，得到的为 p 型的 GaSb，受主缺陷浓度可以减少到 10^{16} cm^{-3}，甚至 10^{15} cm^{-3}。然而，无论是何种方法，得到的 GaSb 单晶与生长条件呈 p 型电导率，人们通过不同的实验方法改变条件来研究 GaSb 内部缺陷的机理，研究发现本征 GaSb 中存在较多的本征受主缺陷 V_{Ga} 和 Ga_{Sb} 缺陷及两种缺陷以复合体的形式存在。

本征受主缺陷 V_{Ga} 和 Ga_{Sb} 在一定程度上无法避免。在富 Ga 条件下生长的 GaSb 单晶内部 Ga_{Sb}较多，而 V_{Ga} 相对较少，同时存在少量的缺陷复合体。在富 Sb 条件下生长的 GaSb 中 Ga_{Sb}缺陷受到一定抑制而 V_{Ga} 和 Sb_{Ga}的浓度增加。同时在这两种生长方法中，Hall 测试发现有时会出现反常电导率的情况比如在富 Ga 条件下测试的电导率突然增大，这是因为如果 Ga 元素含量过高，则会在 GaSb 晶体中引入合金相，使得 Ga 元素呈单独相的存在形式，可以在晶体生长末端底部观察到有 Ga 析出的现象。

对于 GaSb 内部的本征受主缺陷，为提高其电学及光学特性，常通过杂质来补偿，通常掺杂的杂质有 Te, Se, S。由于 Te,Se,S 为Ⅵ族元素，故在 GaSb 中呈施主态，掺杂后 GaSb 呈 n 型，除此之外，GaSb 还可以通过其他杂质的掺入来呈现 p 型，如 Ge,Li,Si,Zn,Cu,Fe 等元素。

对于 GaSb 晶体，原生 GaSb 呈 p 型，内部本征受主缺陷较多，因而对于 GaSb 的掺杂常常用施主杂质掺杂，较为常用的掺杂元素为 Te 元素，Te 元素的掺入通常以施主态形式存在，而在 Te-GaSb 中，研究发现其内部缺陷也呈多样化形式存在，在 Te 掺杂的 GaSb 中，当掺杂浓度较小，GaSb 仍然呈 p 型时，Te 原子占据位置主要为 Ga_{Sb}受主态，从而补偿部分本征受主缺陷，此时 GaSb 中存在缺陷态以 V_{Ga}，Ga_{Sb}，Te_{Sb}为主，同时还存在部分的复合缺陷，如 $V_{Ga}Ga_{Sb}$，$V_{Ga}Te_{Sb}$，$V_{Ga}Ga_{Sb}Te_{Sb}$。当 Te 原子浓度增加，GaSb 呈 n 型同时载流子浓度较小时，此时由于 Te 原子含量较少，Te 全部电离，同时补偿了部分的 Ga_{Sb}从而形成 Te_{Sb}，同时还存在少量的 V_{Ga}，三者所形成的缺陷复合体在 GaSb 中引入了新的峰(665 meV)，该峰与完全电离后的 Te^{+}离子及相关缺陷相关，随着 Te 元素含量的再次增加，Te 原子基本完全占据 Ga_{Sb} 位，同时 V_{Ga} 减少，同时还存在部分的 Te 原子，此时 GaSb 内部的缺陷由受主缺陷相关变成了新的复合缺陷体，该缺陷主要与 Te 掺杂浓度相关。

除了 GaSb 本身的受主缺陷及掺入杂质缺陷外，GaSb 生长中由于与内部真空度等原因，常常伴随有 O 元素杂质的并入，实际中 O 的并入是无法避免的。但是并入的 O 浓度比较小，一般的单独的 O 本身对于晶体影响不大，通常是多个 O 原子的结合及吸收会在带中引入 O 杂质能级，O 的存在位置一般为悬挂键形式，通常认为应力的存在会使得能带变弱，键和变弱，从而导致了 O 原子的吸附团簇作用。GaSb 的氧化随着 O_2 含量的增加呈线性增加，GaSb 中 O 的存在方式 Ga—O—O—Sb 和 Ga—O—O—Ga 两种，O—O 的间距越大，其键和能力越弱。

在 GaSb 晶体的晶格结构中 O 存在还伴随有 Ga—Sb 键的断裂，除此之外还有其他亚稳态的 O 存在，Sb—O—O—Sb（亚稳态，易断裂）、Sb=O，Sb—O—Sb，Ga—O—Sb，这些形式 O 的存在都是非饱和的，故容易引起表面非饱和的单层 Ga 的存在，通常在 GaSb 中 O 的存在方式通过和 GaSb 反应生长稳定的化合物，使得表面和衬底破坏，常见的反应方程式为

$$2GaSb+3O_2 \longrightarrow Ga_2O_3+Sb_2O_3 \tag{2-9}$$

$$2GaSb+Sb_2O_3 \longrightarrow Ga_2O_3+4Sb \tag{2-10}$$

避免 O 元素并入的方法较多，可以从原料及生长腔体入手，常见的避免和减少 O 元素的办法包括对原料的腐蚀来去除表面的氧化物，高的真空度，以及在腔体内通过 N_2 来清洗等方法，这些方法都能够较有效地去除 O 元素的并入。

2.3 晶体生长和衬底制备

目前熔体生长法中的液封直拉法(liquid encapsulation czochralski，LEC)和布里奇曼法(bridgman method，BM)是生长 GaSb 单晶的主流技术，其中 GaSb 的商业化生产多采用液封直拉法，目前这种方法已发展的较为成熟，并可以批量生长出大直径、晶格质量优异的 GaSb 单晶。

2.3.1 液封直拉法

直拉法(Cz)最初是由波兰科学家发明,1916 年有学者从金属熔体中拉制出了直径 1 mm、长度达 15 cm 的金属线,用于测定金属的结晶速率,他发现所拉制的金属线为单晶。还将这一方法还用于金属 Pb、Sn 和 Zn 凝固速率的测定,其利用的基本原理是金属线被拉断时对应的提拉速率与其凝固速率相等。此后,这一方法被发展为生长半导体单晶的技术,并首先在元素半导体 Si 和 Ge 中得到应用。Cz 生长半导体单晶所依据的基本原理为高纯半导体多晶源材料及高纯掺杂杂质被置于一定尺寸的坩埚中,通过加热线圈将其加热为熔融状态,再将具有一定晶向和原子排列结构的籽晶浸入熔体中,当籽晶头部部分熔化后进行缓慢提拉。籽晶中的原子具有特定的排列方式,在固液界面交界处,熔体中的原子会根据这一特定的原子排列方式进行结晶,在合适的温度条件下,对提拉速率、晶体和坩埚的旋转速率以及生长过程中的温度梯度进行精确地控制,使结晶过程持续进行,最终可以在籽晶末端获得结晶质量较好、尺寸较大的单晶锭。此外,为了生长具有不同物理化学性质的材料,Cz 法的生长技术及设备得到不断发展,并由此衍生出了多种控制方法,其中包括对于流场、电磁场、气氛等条件的控制以及液体密封技术等。

液封直拉法是根据传统 Cz 衍生出来的一种单晶生长方法,其多用于 GaAs、GaSb、InP 和 InAs 等 Ⅲ-Ⅴ 族化合物半导体单晶的生长。该技术最早于 1962 年提出,利用 B_2O_3 作为覆盖剂覆盖于熔体上,避免挥发性组元损失,成功拉制了 PbTe 和 PbSe 晶体。而后这一技术得到迅速发展,中国科学院半导体研究所利用 LEC 法制备了〈100〉和〈111〉晶向的 InAs 单晶,单晶的直径为 53～64 mm,单晶率达 90%以上,并研究了 n 型掺杂剂 S、Sn 和 p 型掺杂剂 Zn、Mn 的掺杂特性及规律。通过对热场进行优化,利用液封直拉法重复生长出了 4 英寸直径非掺杂和 Te 掺杂的 GaSb 单晶,单晶锭的成晶率达 80%以上,经检测所得晶片的位错腐蚀坑密度大多小于 500 cm^{-2},(004)晶面摇摆曲线的半峰宽仅为 29″,说明该晶体的晶格完整率良好。在经过完整的衬底晶圆加工工艺之后,可以得到具有良好平整度及表面粗糙度的“开盒即用”衬底。

液封直拉法区别于传统 Cz 法的一个显著特征是在熔体上方覆盖了一层液封剂,其主要作用是防止化合物半导体的离解,另外,还需要在液封剂上方充入一定压力的惰性气体(氩气或氮气),这可以阻止挥发性成分在液封剂中形成气泡并漂浮到液封剂表面或者在液封剂中移动。LEC 法中所使用的液封剂应该具有如下特点:液封剂应该是透明的,便于实时观察晶体的生长状态;密度小于熔体,保证液封剂可以漂浮在熔体上;熔点比熔体材料低,保证在熔体材料熔化前可以覆盖在熔体材料上;不与熔体及坩埚反应且在熔体中的溶解度低;黏度低,避免对熔体表面造成扰动;蒸气压低且纯度高,避免其挥发造成对熔体的污染。目前,生长 InAs 单晶材料所用的液封剂主要为 B_2O_3,其密度为 1.8 g/cm^3,由于 B_2O_3 具有吸湿性,因此使用之前首先要对 B_2O_3 行脱水,从而避免在拉晶过程中 B_2O_3 产生气泡对单晶生长过程造成不利影响,脱水后的 B_2O_3 在 450 ℃的熔点温度下会熔化成具有一定黏滞性的透明状玻璃液态浮于熔体表面。但 B_2O_3 处于 GaSb 熔点附近的温度时会产生黏度过高的问题,会随籽晶转动发生流体流动,从而会给 GaSb 熔体表面造成扰动,需要添加 3.2 mol%的 Na_3AlF_6 以降低其黏度,另外,B_2O_3 易于与 GaSb 熔体表面的氧化层发生反应使其透明度降低。目前广泛应用于 GaSb 生长的液封剂是 NaCl 与 KCl(1∶1)的共熔体,其熔点为 645 ℃,密度为 2 g/cm^3,黏度较小,熔化后可以浮在熔体表面并保持透明状态。

液封直拉法生长单晶的过程与传统的直拉法十分相似,主要包括以下步骤。(1)化料,将用于晶体生长的多晶料置于坩埚中,通过高频加热或电阻加热的方法熔化。(2)引晶,当多晶料全部熔化之后,将坩埚缓慢升起至拉晶的位置,使熔体位于加热器上方,将籽晶下降至熔体上方几毫米处,略微等待几分钟,使熔体的温度保持在稳定状态,待籽晶温度升高后,再将其下降至熔体液面与熔体相接触,在浸润良好的状态下,即可开始缓慢提拉籽晶,随着籽晶的上升,熔体开始在与籽晶接触的地方结晶,这一过程通常被称为"引晶"。(3)缩颈,在引晶之后将温度略微降低,与此同时将拉速提高,拉制一段比籽晶还要细的晶体,缩颈的主要作用为阻止籽晶中的位错向单晶体中延伸,降低单晶体的位错密度,并且排除由于接触不良造成的多晶。颈的长度和直径要适中,不宜过短(一般大于 2 cm),也不宜太粗。(4)放肩,当缩颈到达指定的长度后,使温度略微降低,使晶体直径增大至所需直径为止,在这个过程中,可以通过观察单晶体外部有无对称棱线来判断其是否为单晶体,若没有,则需要将其熔掉再重新引晶。(5)等径生长,当晶体直径增大到所需尺寸后,提高拉速,使晶体直径不再进一步增大,这一过程称为收肩。收肩之后保持晶体的直径不再变化,开始等径生长,严格控制温度和拉速不变是等径生长的条件。(6)收尾,随着晶体生长的持续进行,坩埚中的熔体会逐渐减少,熔体中的杂质含量会相对提高,为了保证晶体具有均匀的纵向电阻率,应降低提拉速率,在收尾阶段,一般采用稍升温降拉速的方法使晶体直径逐渐减小并形成圆锥状的尾部,并将温度缓慢降至室温。

LEC 法生长晶体具有以下特点:单晶体在生长的过程中没有接触到坩埚内壁,是在熔体的自由表面处生长,这样可以在很大程度上减小晶体的应力并阻止其在坩埚内壁上寄生成核;在晶体生长过程中可以进行实时观察以便于实现实时回熔再生长;利用定向籽晶以及缩颈工艺,可以方便地得到完整的籽晶和具有一定取向的晶体。由于在 LEC 法中,晶体生长的纵向温度梯度较大,在晶体生长中会引入过高的热应力,不利于生长具有低位错密度的晶体。研究表明,在晶体生长过程中额外添加磁场,借助洛伦兹力阻碍熔体对流,可以减少其中的温度波动,并降低缺陷密度,提高杂质均匀性。

2.3.2 布里奇曼法

布里奇曼法的基本原理是:将晶体生长所用原料装入容器(通常为坩埚或安瓿,以下统称为坩埚),然后将坩埚置于晶体生长炉中。一般晶体生长炉的炉膛分为三个温度区间,即加热区、梯度区和冷却区，加热区的温度高于晶体的熔点，冷却区的温度低于晶体的熔点，梯度区的温度由加热区温度逐渐过渡到冷却区温度，在炉膛内部形成一定的温度梯度，坩埚则位于晶体生长炉的加热区。炉膛中的晶体生长坩埚按照一定速率从加热区经过梯度区到冷却区的过程中，坩埚中的熔体发生定向冷却，开始结晶。随着坩埚的连续运动，实现晶体生长。经过几十年的发展和改进，Bridgman 法已经成为使用最广泛、技术最成熟的晶体生长技术。常见的布里奇曼法主要有垂直布里奇曼法（vertical bridgman method，VBM）和水平布里奇曼法（horizontal bridgman method，HBM）。

（1）垂直布里奇曼法（VB）

VB 单晶炉中坩埚的中间轴方向与重力场方向一致，上方为加热区，下方为冷却区，坩埚从上向下移动或者炉体从下向上运动，实现晶体生长过程。与开放式生长的提拉法相比，垂直布里奇曼法的生长原料密封在坩埚中，减少了组分的损耗，避免了外界杂质的影响，得到的晶体的组分比较均匀，提高了晶体质量；生长设备简单，晶体的生长参数以及炉体的温度场容易控制；生长速度快。虽然封闭式的晶体生长方式阻止了外界杂质的引入，由于晶体与坩埚直接接触，坩埚中的杂质也会进入到晶体中；而且晶体与坩埚的膨胀率不同，产生的热应力导致晶体表面出现寄生成核，影响晶体质量。此外，采用这种技术在生长大直径的 GaSb 晶体时会形成多晶。

（2）水平布里奇曼法（HB）

在 HB 单晶炉中坩埚的中间轴方向与重力场方向垂直，晶体生长炉的一端为加热区，另一端为冷却区，坩埚从加热区向冷却区移动，实现晶体生长。采用水平布里奇曼法进行晶体生长，可以在固液界面处获得较强的对流，有利于对晶体生长行为进行控制。由于坩埚水平放置，熔体的表面尺寸较大，有利于熔体内部杂质的去除，还有利于降低对流强度，使得结晶过程平稳进行。同时，水平布里奇曼法加大了炉膛与坩埚之间对流换热的控制，在晶体生长过程中可以获得较大的温度梯度。

2.3.3 单晶衬底加工工艺与技术

各种半导体器件需要在具有低缺陷、无损伤和高晶格完整性的衬底上外延生长得到，晶圆制造就是将不同材料以及不同尺寸的单晶锭加工成为单晶片的一系列加工制造工艺，以满足器件制备的要求。在单晶锭生长完成后，需经过晶锭的头尾截断、滚圆及定向、切割、倒角、研磨、腐蚀、抛光和清洗等工艺才可获得符合要求的“开盒即用”的衬底片。

2.3.3.1 晶锭头尾截断、滚圆和定向

单晶锭用于生产的部分主要是其中间等径生长的部分，所以首先需要将生长完成的晶锭头部的籽晶和放肩部分以及尾部的收尾部分（尤其是尾部，尾部杂质富集）截断，并截取满足后续加工流程的长度，在截断头部和尾部的过程中，要沿着垂直晶锭轴线的方向进行截断

并保证截断面的平整。

在单晶生长过程中，由于存在生长速率的变化以及生长过程中的热振动和热冲击作用，使得所生长的单晶锭的直径大小存在一定的起伏波动，为获得尺寸相同的标准晶圆，需要通过滚圆工艺来获得外径与晶片直径一致的圆柱形晶锭，其主要工艺过程为，晶锭被夹具夹住做旋转运动，通过外部磨轮与晶锭之间的摩擦作用对晶锭的外圆表面进行磨削，磨轮沿晶锭的轴向逐渐移动，并通过在线测量技术控制磨轮的进给位置，以使磨削完成的晶锭达到规定的要求。为了识别晶体的晶向，需要切割出定向平面或凹槽，具体流程为保持单晶锭固定不动，借助金刚石砂轮对定向平面或者凹槽进行切割。

2.3.3.2　切片

切片工艺就是将上述处理好的单晶锭切割成具有一定厚度的单晶片的过程。晶锭切割主要有两种方式，一种是内圆切割，也称 ID 切割，另一种是线切割。在晶片生产的早期，主要采用内圆切割，内圆切割工艺用于单晶硅片的切割已有几十年的历史，直到线切割的出现。内圆切割的刀具是高速旋转的环形钢刀片，其中刀片内圆的边缘上涂有金刚石磨料，并被非常高的张力拉伸，以保证刀片表面处于张紧状态。晶锭沿刀片内圆的径向向外做进给运动，通过刀片内圆对晶锭的磨削完成切割，一次可以切割一个晶片。内圆切割的优点在于对被切割晶锭的几何外形无特殊要求，便于实现高精度的定向切割；其缺点在于随着晶锭直径的增大，为了容纳晶锭和夹具，刀片内径尺寸也要随之增大，而对于直径过大的晶锭，由于切割过程中的振动过大，再加上其他实际问题的限制，使得内圆切割不适宜切割直径超过 8 英寸的晶锭。另外，切割时会在晶片表面产生较大的损伤和应力，由刀缝造成的原材料的损失也比较大。

2.3.3.3　倒角

在晶锭被切割成晶片后，晶片的边缘粗糙锐利且存在棱角、毛刺和崩边现象，另外，在晶片的边缘还存在微小的裂纹和其他缺陷。如果不对切割后晶片的边缘进行适当处理，在后面的抛光工艺中，晶片锐利的边缘会划伤抛光布，大大降低抛光布的使用寿命，另外，晶片边缘掉落的颗粒还会在抛光过程中划伤晶片表面，使晶片的成品率降低。因此，需要采用倒角工艺来对晶片的边缘进行处理，倒角工艺就是利用倒角机或者砂纸将晶片锋利的边缘磨削成圆弧状，以增加晶片边缘的机械强度，防止晶片边缘破裂造成颗粒污染或者产生晶格缺陷，同时避免在后续的加工工艺中崩边现象的出现，大大提高了后续工艺中产品的合格率。在晶锭滚圆之后，其外圆表面十分粗糙且直径精度也不高，再加之后续传递过程中的撞击和切割过程，会使得晶片边缘的损伤进一步向晶片中心区域延伸，从而在晶片边缘形成一圈损伤，倒角过程有利于将边缘损伤区域去除，降低晶片边缘的粗糙度，还可以进一步规范晶片的直径。

2.3.3.4　研磨

经线切割获得的晶片表面会存在波纹状的锯痕，它会对晶片的平整度产生不利的影响，必须在后续工艺中将其去除,研磨是晶圆加工过程中去除晶片表面波纹的有效手段。研磨可以分为单面研磨和双面研磨,对于单面研磨机仅可对晶片的一面进行研磨,旋转工作台上有几个圆形卡盘呈圆周排列,在研磨之前首先要将晶片放入卡盘内,工作台上方的砂轮直径大于晶片的直径,采用的是固定磨料砂轮,在研磨时,通过旋转工作台的旋转将晶片送入砂轮的下方,与此同时,砂轮也以一定的进给速度朝向工作台移动,通常需要旋转工作台多次旋转才可以从晶片表面去除一定厚度的材料,当晶片的一面研磨完成后,需要将晶片翻转来研磨另一面。对于双面研磨,晶片位于上下研磨板之间托架的开口中,两个研磨板以相反的方向旋转,在上下两个研磨板之间充斥着含有磨料的研磨液,可以同时研磨晶片的上下两面,通过磨料在晶片和研磨板之间的运动来实现材料的去除。研磨过程应充分考虑晶片的厚度以及平整度,研磨后晶片表面应无裂纹、擦伤、崩边等表面缺陷,晶片的质量主要与研磨板的平整度、磨粒的类型和尺寸以及在研磨板上施加的压力等因素有关。

2.3.3.5 腐蚀

研磨后,将晶片放置于腐蚀液中进行腐蚀,除了可以去除一部分研磨后晶片表面的损伤层外,还可以对晶片表面进行清洁,为后续的抛光工艺做准备,抛光前的腐蚀工艺可以减小后续抛光的工作量,从而实现更高的抛光产量。

2.3.3.6 抛光

为了使晶片的厚度满足要求,同时获得平整、光亮的晶片表面,需要采用抛光工艺对晶片进行处理,通常采用化学机械抛光工艺来获得质量优异的衬底晶圆。化学机械抛光分为单面抛光和双面抛光,对于单面抛光,晶片被用蜡将晶片的反面粘在抛光板上,一个抛光板上可以同时粘多个晶片,然后将抛光板吸附在抛光头上,晶片的正面朝向抛光盘放置,在抛光时,抛光头对于控制抛光压力、稳定晶片横向运动和维持晶片的自转具有重要作用,抛光头质量的好坏将直接影响到晶片总厚度的最大偏差以及晶片表面的平整度。在抛光头下方的抛光盘上固定有抛光布,在进行抛光时,抛光盘绕着盘上的旋转轴旋转,晶片绕着抛光头上的旋转轴旋转,与此同时将抛光液喷洒在抛光布上,由于抛光布上含有大量的微孔,可以吸收大量抛光液并将其输送到晶片和抛光布之间的界面,抛光液由化学腐蚀剂和磨料组成,化学腐蚀剂可以通过化学作用打断材料表层原子与内层原子的键合,生成的反应物则通过磨料的机械作用去除。为了获得光亮平整的表面,在化学机械抛光中,磨料的磨削速率应该尽量与化学腐蚀速率保持一致,以避免磨削速率过快产生橘皮和拉丝,或者是化学腐蚀速率过快产生腐蚀坑和波纹。由于单面抛光仅对晶片的一个面进行了抛光,其背面仍然是经上一步骤腐蚀后的表面,所以单面抛光的晶片较难达到良好的平整度。对于双面抛光工艺,晶片被放置在下方的载体托架中,无需用蜡粘贴,在晶片的上下两侧均有抛光盘,在抛光盘和晶片之间充斥有抛光液,两个抛光盘以相反的方向转动,可以同时对晶片的上下两面进行抛光。与单面抛光工艺相比,双面抛光避免了蜡对材料表面的沾污,同时省去了后续的去蜡清洗步骤,大大提高了生产效率,但其缺点是不适合非规则形状晶片的抛光。抛光通常包含三个步骤,分别是粗抛、中抛和精抛,每个步骤所采用的抛光垫和抛光液均有所不同,粗抛的去除量较大,用于去除上一步骤残留的损伤层,中抛一般用于提高晶片整体的平整度,同时减小晶片表面的粗糙度,而最后的精抛去除量较少,一般只有几个微米,用于提升晶片的表面质量,使其达到预期的要求。

2.3.3.7 清洗

抛光完成的晶片表面附着有颗粒物、有机物和金属离子等杂质,需要在超净间中清洗来将这些杂质去除,以获得洁净的衬底晶圆,去除顺序依次是去除有机物、颗粒物与金属离子。清洗完成的晶片需要检测其位错密度、平整度、氧化层厚度和表面粗糙度等参数,然后将检测合格的晶片装入晶片盒,放入密封袋中,密封袋中充入氮气进行封装,密封袋上贴上包含晶片信息的标签以便于后续对有质量问题的晶片进行追溯。为获得质量优异的衬底晶片,需要严格控制以上所述晶圆加工流程中的每一个步骤。

2.4 材料发展现状及应用

2.4.1 国外进展

GaSb 材料最早的报道来自 1954 年,科学家采用直拉法生长出 GaSb 单晶样品并进行了材料性能研究。经过几十年的发展,欧美等发达国家已经掌握了 GaSb 晶体材料的生长和加工技术。目前国际上 GaSb 材料的供应商主要是 IQE 集团(旗下的英国 Wafer Technology 公司和美国 Galaxy Compound Semiconductors 公司)和 5N Plus 集团。

英国 Wafer Technology 公司是全球Ⅲ-Ⅴ族化合物半导体主要供应商,掌握多晶水平合成和单晶的 LEC、VGF 生长技术,产品涵盖 GaAs、GaSb、InP、InSb、InAs 等单晶片。美国 Galaxy Compound Semiconductors 公司主要开展 GaSb 和 InSb 单晶材料研制、生产和销售,是锑化物单晶材料重要供应商。这两家公司均采用 LEC 法开展 GaSb 单晶生长,目前均可提供 2～4 英寸商用 GaSb 单晶片。英国 Wafer Technology 公司生长的 GaSb 单晶尺寸最大达到 7 英寸,并制备出 6 英寸单晶片,平均位错密度 3 200 cm^{-2},是目前国际上报道的最高水平。

加拿大 5N Plus 集团,其在高纯元素生产、金属合成提纯、CZ 法晶体生长等方面设备完备、技术成熟,在半导体领域产品涉及 CdTe、ZnTe、Ge、InSb 和 GaSb 等材料,是锑化物半导体材料的领先制造商。5N Plus 集团依托其在 Ge 单晶和 InSb 单晶方面的技术基础自 2014 年起开始进行 GaSb 单晶制备技术开发并快速取得了很大进展,通过在晶体生长过程中控制熔体配比和生长环境气氛其采用无液封剂的直拉技术已生长出最大单晶尺寸达到

6 英寸的 GaSb 单晶。其生长的 Te 掺杂 n 型 GaSb 单晶载流子浓度约为 3×10^{17} cm^{-3}。

2.4.2 国内进展

我国开展 GaSb 材料研究起步较晚，自 20 世纪 80 年代起中国科学院长春物理研究所、中国科学院半导体研究所、中国科学院上海冶金研究所、北京有色金属研究总院、峨眉半导体材料研究所等单位陆续开展 HB 法、LEC 法 GaSb 单晶生长技术研究，制备出掺锌 p 型和掺碲 n 型单晶样品，受限于当时 GaSb 应用需求限制，进展缓慢。21 世纪初随着国内外超晶格红外焦平面红外探测技术的突破，带动了国内 GaSb 单晶的应用需求，我国 GaSb 单晶制备技术研究进入工程实用化阶段，极大推进了我国 GaSb 晶体材料的技术进步，为相关器件的科研生产奠定了良好基础。目前开展 GaSb 单晶制备技术研究的单位主要是中国科学院半导体研究所、中国电子科技集团公司第四十六研究所、武汉高芯科技有限公司等。

中国科学院半导体研究所是我国最早开展 GaAs、InP、GaSb 等Ⅲ-Ⅴ族化合物半导体单晶材料研究的单位之一，从 20 世纪 90 年代开始进行 GaSb 材料研究，经过三十多年的发展，在单晶炉热场设计、单晶生长、晶片表面制备、材料缺陷等方面开展了大量工作，突破了从单晶生长到晶片加工等关键技术，积累了丰富的实践经验。目前中国科学院半导体研究所是国内 GaSb 材料的主要供应商，实现了 2～4 英寸 n 型和 p 型 GaSb 单晶片的批量生产应用，单晶性能与国外水平相当。中国科学院半导体研究所实验室最大 GaSb 单晶尺寸达到 7 英寸，目前正在开展 6 英寸晶片加工技术开发。

近年来，中国电子科技集团有限公司第四十六研究所和武汉高芯科技有限公司开展了 VB 法生长 GaSb 单晶的技术开发。2016 年，中国电子科技集团有限公司第四十六研究所报道了其采用 VB 法生长 GaSb 晶体的研究，在等径温度梯度 5～10 ℃/cm、生长速率为 1 mm/h 的条件下生长出非掺杂直径 51 mm、等径长度为 80 mm 的单晶，单晶位错密度≤500 cm^{-2}，半峰宽(FWHM) 为 27″。武汉高芯科技有限公司 2023 年报道了利用温度动态补偿改进的 VB 法(temperature dynamic compensation vertical bridgman，TDC-VB)生长出 Te 掺杂 n 型直径为 53 mm、等径长度为 85 mm 的低位错单晶，单晶位错密度仅为 5～72 cm^{-2}。

目前，GaSb 材料已经是得到众多科研人员重视的半导体材料之一，在光电子器件发展中有广泛应用的潜力。随着半导体材料生长工艺的日益进步，生产高质量的 GaSb 单晶材料已不再是科学难题。由于 GaSb 的晶格常数与波长范围在 0.8～4.3 μm 之间的多种二元、三元和四元Ⅲ-Ⅴ族半导体材料相匹配，利用 GaSb 材料在中红外波段发光的特点和带间吸收原理，以 GaSb 为衬底制作的超晶格结构可用于制造波长范围在 8～14 μm 的探测器。另外，GaSb 衬底还可以用于制备光电二极管、高频高量子效率的探测器、热光伏电池和微波器件等。

GaSb 基器件在中长红外波段具有广泛的应用前景。一方面，以 GaSb 为基的红外焦面阵列可用在导弹和监视系统中；另一方面，GaSb 可用于制作探测大气气体的器件，如火焰监测和空气环境污染检测等。利用 GaSb 材料在中长波波段的发光优势,可以用 GaSb 材料代替传统碲镉汞材料制备性能水平更高、探测范围更广的红外探测器器件。因此,以 GaSb 材料为基础的红外探测器未来有希望成为红外探测领域的主力军,具有非常广阔的应用前景。

参考文献

[1] YABLONOVITCH E, MILLER O D, KURTZ S R. The opto-electronic physics that broke the efficiency limit in solar cells[C]2012 38th IEEE Photovoltaic Specialists Conference. 2012.

[2] KUNRUGSA M. Optical absorption coefficient calculations of GaSb/GaAs quantum dots for intermediate band solar cell applications[J]. Journal of Physics D: Applied Physics, 2020, 54(4):045103.

[3] LUO L B, CHEN J J, WANG M Z, et al. Near-infrared light photovoltaic detector based on GaAs nanocone array/Monolayer Graphene Schottky Junction[J]. Advanced Functional Materials, 2014, 24(19):2794-2800.

[4] HADDADI A, RAZEGHI M. Bias-selectable three-color short-, extended-short-, and mid-wavelength infrared photodetectors based on type-Ⅱ InAs/GaSb/AlSb superlattices[J]. Optics Letters, 2017, 42(21):4275-4278.

[5] CHEVALLIER R, DEHZANGI A, HADDADII A, et al. Type-Ⅱ superlattice-based extended short-wavelength infrared focal plane array with an AlAsSb/GaSb superlattice etch-stop layer to allow near-visible light detection[J]. Optics Letters, 2017, 42(21):4299-4302.

[6] PLANK H, TARASENKO S A, HUMMEL T, et al. Circular and linear photogalvanic effects in type-Ⅱ GaSb/InAs quantum well structures in the inverted regime[J]. Physica E:Low-dimensional Systems and Nanostructures, 2017, 85:193-198.

[7] ASPNES D E, OLSON C G, LYNCH D W. Electroreflectance of GaSb from 0.6 to 26 eV[J]. Physical Review B, 1976, 14(10):4450-4458.

[8] WU M, CHEN C. Photoluminescence of high-quality GaSb grown from Ga^- and Sb^- rich solutions by liquid-phase epitaxy[J]. Journal of Applied Physics, 1992, 72(9):4275-4280.

[9] LEE H J, WOOLLEY J C. Electron transport and conduction band structure of GaSb[J]. Canadian Journal of Physics, 1981, 59(12):1844-1850.

[10] JAIN S C, MCGREGOR J M, ROULSTON D J. Band-gap narrowing in novel Ⅲ-Ⅴ semiconductors[J]. Journal of Applied Physics, 1990, 68(7):3747-3749.

[11] RUHLE W, JAKOWETZ W, WOLK C, et al. Optical studies of free and bound excitonic states in GaSb evidence for deep A^+ complexes[J]. physica status solidi (b), 1976, 73(1):255-264.

[12] KAISER R, FAN H Y. Optical and electrical studies of electron-bombarded GaSb[J]. Physical Review, 1965, 138(1A):A156-A161.

[13] NISHIMOTO N, FUJIHARA J, YOSHINO K. Biocompatibility of GaSb thin films grown by RF magnetron sputtering[J]. Applied Surface Science, 2017, 409:375-380.

[14] TAHINI H A, CHRONEOS A, MURPHY S T, et al. Vacancies and defect levels in Ⅲ-Ⅴ semiconductors[J]. Journal of Applied Physics, 2013, 114(6):063517.

[15] BERMUDEZ V M. Theoretical study of defect formation during the initial stages of native-oxide growth on GaSb (001)[J]. Applied Physics Letters, 2014, 104(14):141605.

[16] MURAPE D M, EASSA N, NYAMHERE C, et al. Improved GaSb surfaces using a $(NH_4)_2S/(NH_4)_2SO_4$ solution[J]. Physica B:Condensed Matter, 2012, 407(10):1675-1678.

[17] MURAPE D M, EASSA N, NEETHLING J H, et al. Treatment for GaSb surfaces using a sulphur blended $(NH_4)_2S/(NH_4)_2SO_4$ solution[J]. Applied Surface Science, 2012, 258(18):6753-6758.

[18] ARAVAZHI S, MARTINEZ B, FURLONG M J. Increasing throughput and quality of large area GaSb substrates used in infrared focal plane array production [C]//Infrared Technology and Applications XLV:Vol. 11002. SPIE, 2019.

[19] MARTINEZ B, FLINT J P, DALLAS G, et al. Standardizing large format 5" GaSb and InSb substrate production[C]//Infrared Technology and Applications XLIII:Vol. 10177. SPIE, 2017:597-613.

[20] 赵有文，孙文荣，段满龙，等．高质量 InAs 单晶材料的制备及其性质[J]. 半导体学报，2006，27(8):1391-1395.

[21] 杨俊，段满龙，卢伟，等．低位错密度 4 inch GaSb(100)单晶生长及高质量衬底制备[J]. 人工晶体学报，2017，46(5):820-824.

[22] LEIFER H N, DUNLAP W C. Some Properties of p-Type Gallium Antimonide between 15°K and 925°K[J]. Physical Review, 1954, 95(1):51-56.

[23] MARTINEZ R, AMIRHAGHI S, SMITH B, et al. Large diameter "ultra-flat" epitaxy ready GaSb substrates:requirements for MBE grown advanced infrared detectors[C]//Infrared Technology and Applications XXXVIII:Vol. 8353. SPIE, 2012.

[24] FURLONG M J, MARTINEZ B, TYBJERG M, et al. Growth and characterization of ≥6″ epitaxy-ready GaSb substrates for use in large area infrared imaging applications[C]//Infrared Technology and Applications XLI:Vol. 9451. SPIE, 2015.

[25] MARTINEZ R, TYBJERG M, FLINT P, et al. A study of the preparation of epitaxy-ready polished surfaces of (100) Gallium Antimonide substrates demonstrating ultra-low surface defects for MBE growth[C]//Andresen B F, Fulop G F, Hanson C M, et al. SPIE Defense + Security. Baltimore, Maryland, United States, 2016:981916.

[26] GRAY N W, PRAX A, JOHNSON D, et al. Rapid development of high-volume manufacturing methods for epi-ready GaSb wafers up to 6" diameter for IR imaging applications[C]//ANDRESEN B F, FULOP G F, HANSON C M, et al. Defense + Security. Baltimore, Maryland, SPIE, 2016.

[27] 余海生．水平法生长 GaSb 单晶的研究[J]. 固体电子学研究与进展，1991(2):144.

[28] 邓志杰，郑安生，武希康，等．p 型 GaSb 单晶研制[J]. 稀有金属，1992(3):215-217.

[29] 汪鼎国．用水平布里兹曼法生长 GaSb 单晶[J]. 稀有金属，1995(1):75-78.

[30] 赵有文，段满龙，董志远，等．高质量、实用化 InP、GaSb 和 InAs 单晶衬底批量生产[C]//中国电子学会. 第十七届全国化合物半导体材料微波器件和光电器件学术会议论文集．开封，2012.

[31] 练小正，李璐杰，张志鹏，等．大尺寸高质量 GaSb 单晶研究[J]. 人工晶体学报，2016，45(4):901-905.

[32] YAN B, LIU W, YU Z, et al. Temperature dynamic compensation vertical Bridgman method growth of high-quality GaSb single crystals[J]. Journal of Crystal Growth, 2023, 602:126988.

第3章 氧化镓

3.1 材料介绍

以硅为代表的第一代半导体材料是目前半导体器件和电路的主流已经发展到纳米电子学；以 GaAs、InP 为代表的第二代半导体材料已经发展到太赫兹电子学；以 SiC 和 GaN 为代表的第三代宽禁带半导体材料已经应用于电力电子学和固态微波功率电子学。而禁带宽度超过 3.4 eV 的超宽禁带半导体，例如金刚石、氧化镓（Ga_2O_3）的半导体器件具有发展下一代电力电子学和固态微波功率电子学的潜质。

氧化镓材料高性能和低成本的优势叠加，为半导体产业的赶超带来新机遇。氧化镓的性能更加优越，氧化镓禁带宽度为 4.9 eV，理论击穿场强为 8 MV/cm，因此氧化镓可以承受比硅、碳化硅和氮化镓更强的电场，在功率器件抗高压和小体积方面具有优势。原材料氧化镓粉末价格比碳化硅高纯粉低很多，并且氧化镓单晶生长周期普遍比碳化硅短。国际领先企业氧化镓的生产效率比碳化硅高将近 2 倍。若无铱的单晶制备技术成功应用，氧化镓的生产成本将会进一步大幅降低。

传统半导体材料因为其材料本身的物理属性和制备技术，逐渐无法满足高频高效、绿色环保、智能制造等新质生产力关键需求。相比传统的半导体材料，Ga_2O_3 具有更大的临界场强、更高的击穿电压、更低的导通电阻以及更低的衬底价格，被认为是制备下一代先进电力电子器件、多功能光电器件及信息集成器件极具希望的材料。在我国传统产业加速向数字化、智能化和绿色化转型升级的过程，氧化镓作为一股新型的驱动力，有望使我国在新能源、工控、变频家电、数据中心、5G、IoT 等领域实现领先。

3.2 材料特性

3.2.1 β-Ga_2O_3 的基本特性

氧化镓是具有较大带隙能量和导电性的半导体材料，已知有 8 种晶相，其中 5 种是稳定相 α、β、γ、ε、δ，还有一个瞬态相 κ，两种亚稳相 $P\bar{1}$ 和 $Pmc2_1$。α-Ga_2O_3 属于三方晶系（trigonal），和蓝宝石同属于空间群 $R\bar{3}c$，晶格常数为 $a=b=0.498$ nm，$c=1.343$ nm，$\alpha=$

$\beta=90°$，$\gamma=120°$，α-Ga_2O_3 与蓝宝石的晶格失配度较小，有望在蓝宝石衬底上外延生长出高质量的 α-Ga_2O_3。γ-Ga_2O_3属于立方晶系（cubic），空间群为 $Fd\bar{3}m$，晶格常数为 $a=b=c=0.824$ nm，$\alpha=\beta=\gamma=90°$，为有缺陷的尖石结构。ε-Ga_2O_3 属于六角晶系（hexagonal），空间群为 P63mc，晶格常数为 $a=b=0.290$ nm，$c=0.926$ nm，$\alpha=\beta=90°$，$\gamma=120°$，γ-Ga_2O_3 具有良好的化学催化活性以及掺杂后发光性能，可以用于芳香族化合物、乙烯等有机物的光催化降解以及发光器件的制备。δ-Ga_2O_3 仅仅是 ε-Ga_2O_3 的纳米晶体形式，而不是明显的多晶型材料。其中，β-Ga_2O_3 的晶体结构是最稳定、最常见，而其他型晶体结构均为亚稳态，它们在一定的温度等条件下可以转化为 β-Ga_2O_3。β-Ga_2O_3 属于单斜晶系，C2/m 空间群，晶格常数为 $a=12.214$ Å，$b=3.0371$ Å，$c=5.7981$ Å 和 $\beta=103.83°$。晶胞中包含两种类型的 Ga 原子（GaⅠ，GaⅡ）和三种类型的 O 原子（OⅠ，OⅡ，OⅢ）。β-Ga_2O_3 低的晶体对称性导致许多物理性质具备强烈各向异性，包括热导率、声子振动模式、有效质量、带隙、表面形成能以及载流子输运等。

3.2.2 β-Ga_2O_3 的电学性质

β-Ga_2O_3 具有大的禁带宽度，大约 4.8 eV；电子迁移率高达 200～400 $cm^2/(V \cdot s)$，还具有高的击穿场强 8 MV/cm，因此在功率电子器件方面有较好的发展。高纯的 β-Ga_2O_3 具有半绝缘的导电特性，电子率大概是 $1.6\times10^{-9}\sim5\times10^{-9}$ S/cm，可以通过掺杂的方法，精准控制 β-Ga_2O_3 载流子浓度和电子率，从而满足器件的要求。

目前针对 Ga_2O_3 的掺杂研究可以分为 n 型和 p 型。但由于 Ga_2O_3 难以形成自由空穴的原因，p 型掺杂到目前为止仍然比较困难。对于 n 型掺杂的研究报道较多。已有较多的实验结果表明非故意掺杂 Ga_2O_3 会表现出 n 型导电，其原因一般认为是来自于 Ga_2O_3 材料自身的缺陷。常见的本征缺陷有氧空位（V_O）、氧间隙（O_i）、Ga 空位（V_{Ga}）及 Ga 间隙（Ga_i），除了 Ga 间隙可以作为浅施主，其他的本征缺陷都处于深能级缺陷，而且 Ga 空位是 Ga_2O_3 中主要的补偿受主。β-Ga_2O_3 的 n 型掺杂目前主流的掺杂剂为 Sn、Si、Ge。单晶掺杂以 Sn 为主，薄膜以 Si 为主。当 Sn、Si、Ge 这三种元素进入氧化镓晶格时，Si 和 Ge 元素倾向占据 Ga 的四面体点位，而 Sn 则会倾向于占据 Ga 的八面体点位。n 型掺杂主要考虑的方面是：(1)掺杂剂半径与 Ga 相近；(2)掺杂剂激活能小，能实现高浓度掺杂，同时不严重降低晶体质量；(3)掺杂后晶体生长难度是否增加，掺杂后浓度是否可控。

而在 p 型掺杂，与其他宽禁带半导体类似，β-Ga_2O_3 晶体较难形成有效的 p 型掺杂，p 型导电氧化镓的制备仍是一个待解决的难题。p 型掺杂难以形成的原因主要有：(1)原料纯度不够导致高背景电子浓度；(2)材料氧空位等缺陷产生自补偿效应；(3)缺乏有效的潜能级受主杂质，激活率低；(4)掺杂剂溶解度较低；(5)空穴难以产生，即产生空穴的天然受主（如阳离子空位）形成能较高，补偿受主的天然施主（如阴离子空位）的形成能低。

3.2.3 β-Ga_2O_3 的光学性质

β-Ga_2O_3 单晶是无色透明的，是一种很有潜力的透明导电材料，透过波段范围为 260～7 330 nm，并且 β-Ga_2O_3 晶体红外波段的透过率受自由载流子浓度的影响较大，较高的载流子浓度会使晶体在红外波段产生强烈吸收，导致晶体红外波段透过率下降。β-Ga_2O_3 的紫外截至边是 260 nm，恰好落于 200～280 nm 的日盲紫外波段，对电磁光谱中的日盲紫外区有很强的吸收，并且随载流子浓度的变化影响非常小，在高载流子浓度下仍有较高的透过率。因此，β-Ga_2O_3 在紫外波段容易获得高电导率和高透过率，适合用于更短波长的光电器件，可用于制作日盲紫外探测器。由于 β-Ga_2O_3 为单斜晶系晶体，对称性低，因此其在紫外截止边、偏振光透过率等光学性质方面具有很强的各向异性。(010)面的紫外截止边为 270.8 nm，(100)面和(001)面的紫外截止边均为 262.2 nm。(100)和(001)晶面的光学带隙几乎相同，为 4.70 eV；(010)晶面的带隙为 4.55 eV，在三个晶面中最小。

3.2.4 β-Ga_2O_3 的热学性质

β-Ga_2O_3 热导率为 13～27 W/(m·K)，比其他半导体材料的热导率低，又因为 β-Ga_2O_3 具有较大的摩尔质量 187.4 g/mol，其在室温下具有较低的比热容 0.56 J/(g·K)。并且随着温度升高，热导率逐渐降低，比热容则逐渐升高后趋于平稳。在所有 β-Ga_2O_3 晶相中，[010]晶向上的热导率最大，[100]晶向上的热导率最小。晶体的热传递是依靠晶格振动来实现的，其中声子振动在 β-Ga_2O_3 晶体的传热过程中贡献是最大的，β-Ga_2O_3 晶体的[010]晶向上声子的有效质量最小，有利于声子的传输，因此 β-Ga_2O_3[010]晶向的热导率最大。

β-Ga_2O_3 较低的热导率，和热导率随温度升高而降低的性质，会导致的器件工作时产生热量无法散出，从而使器件温度升高，影响器件性能和使用寿命。目前为了避免这个问题，有三种解决方法：第一，是通过前期加工尽量减薄衬底厚度；第二，使用键合技术，将 β-Ga_2O_3 与高热导率材料键合，提高散热能力；第三，倒装的封装技术，实现良好的热管理。

3.2.5 β-Ga_2O_3 的力学性能

材料的力学性质影响衬底的加工制备过程，β-Ga_2O_3 的晶体结构是低对称性的，因此 β-Ga_2O_3 单晶在各方向的硬度也有较大差别。晶体本身为硬脆材料，c^* 方向的硬度最大，a^* 方向次之，b 方向硬度最小，具有强烈的各向异性，同时由于存在(100)和(001)两个解离面，因此在加工时经常出现晶片开裂的情况，给衬底加工制备带来了不小的难度。

3.2.6 β-Ga_2O_3 的缺陷

β-Ga_2O_3 属于单斜晶系，对称性低，晶体生长中容易产生多种缺陷：点缺陷、线缺陷、面缺陷、和体缺陷。探究并调控晶体缺陷，对生长高质量晶体及研发高性能器件具有十分重要的意义。晶体点缺陷可分为两类：第一类是本征点缺陷，涉及晶体中的本征原子，失去原子的空缺是典型的本征缺陷。第二类是非本征点缺陷，包括杂质原子，当杂质原子进入半导体后，半导体电学性质会有所变化，因此杂质原子也被称为掺杂原子。β-Ga_2O_3 的本征点缺陷包括氧空位(V_O)、镓空位(V_{Ga})氢化的镓空位。非本征点缺陷包括潜能级施主，例如掺杂 Si 或 Sn；还包括深能级受主，例如掺杂 Mg 或 Ca。位错是晶体中典型的一维线缺陷，只能终止于晶界或者晶体表面。位错的类型可分为三种：(1)刃型位错；(2)螺型位错；(3)混合位错。其中混合位错是刃型及螺型位错的混合。氧化镓单晶中线缺陷主要以刃型位错及螺型位错的混合。可观察到 Burgers 矢量 $b=\langle 010\rangle$ 的螺型位错和刃型位错以及(001)面上的弯曲位错，位错对器件性能有很大影响。氧化镓单晶中的位错主要来源于：(1)籽晶缺陷的延伸；(2)杂质或者掺杂原子分布不均；(3)温度梯度、浓度梯度、机械振动等因素导致晶体偏转或者弯曲引起相邻晶块之间的位错查差；(4)晶体生长结束后冷却速度较快，晶体内存在大量过饱和空位，空位聚集也会形成位错。面缺陷方面，有小角晶界、孪晶和堆垛层错。体缺陷指在三维尺寸上的一种晶体缺陷，对晶体性能影响显著。目前关于氧化镓体缺陷的报道大致可分为两类：(1)空洞；(2)非晶和纳米晶。空洞具体分为中空纳米管、层片状纳米管、纳米尺寸凹槽和线性尺寸凹槽。非晶及纳米晶缺陷是由机械加工引入的。氧化镓晶体除了点缺陷、线缺陷、面缺陷和体缺陷等，还有蚀坑类缺陷，分为箭头型和葫芦型蚀坑。

3.3 晶体生长和衬底制备

氧化镓有目前已发现 8 晶相，5 种稳定相、1 种瞬态相和 2 种亚稳相。在高温下，β-Ga_2O_3 是唯一稳定存在的晶相，其他相 Ga_2O_3 均会转化为 β-Ga_2O_3，而且相变受环境水分影响较大，在潮湿环境下更容易发生相转变。β-Ga_2O_3 熔点约为 1 793 ℃，为一致熔融化合物，可以通过熔体法进行单晶生长，例如，浮区法、提拉法、布里奇曼法、导模法、铸造法和冷坩埚法。

3.3.1 浮区法

浮区法(floating zone method, FZ)是一种不使用坩埚、仅靠表面张力支撑熔体定向凝固形成单晶的生长方法。在料棒和籽晶中间形成一个微小的熔区，通过熔区的张力与表面张力的平衡，保持相对的稳定，然后不断移动熔区使熔体在籽晶上定向结晶来实现晶体生长。并且浮区法是通过上下两个转杆间的相对转动达到熔体搅拌，实现均匀熔体和熔体散热。目前浮区法使用的加热方式有很多，例如常见的有激光加热、高频加热、电弧加热、等离子体加热、电子轰击、电加热和光学加热。并且浮区炉的加热器数量也在增加，一开始是单灯加热，后来增加到两灯加热，现在发展到四灯加热。

使用光学浮区法生长氧化镓单晶的流程包括陶瓷料棒的制备和氧化镓的生长。陶瓷料棒的质量的好坏直接影响到生长出的晶体的质量。陶瓷棒一般的制备流程包括原料的称量、球磨混料、手工制棒、等静压制成型、高温烧结。

浮区法生长氧化镓单晶的最大优点是不需要使用坩埚即可生长，且生长氛围可以调节，在高纯度氧下生长，可有效抑制 β-Ga_2O_3 高温下的分解和挥发。使用浮区法生长过程中可实时观察和调整晶体的生长。浮区法生长晶体的速度较快，可以在短时间内生长出高质量的晶体。但是，浮区法也有缺点，浮区法生长的晶体尺寸较小，适合进行科研研究，不适合产业化生产。

3.3.2 提 拉 法

提拉法是一种从熔体中制备大尺寸高质量单晶的生长方法。提拉法的原理是将构成晶体的原料放在坩埚中加热熔化，在熔体表面接籽晶提拉熔体，在受控的条件下，使籽晶和熔体在交界面上不断进行原子和分子的重新排列，后来随温度降低逐渐凝固而生长出单晶体。提拉法适用于生长硅单晶、锗单晶、蓝宝石、YAG、GGG 等晶体。

提拉法的过程是将晶体原料放入耐高温的坩埚中加热至熔化，要精准控制炉体内径向和纵向的温度梯度，然后缓慢将籽晶接触熔体表面，接着经历“缩颈”“放肩”“等径生长”“收尾”等工序后，将晶体从熔体内拉脱，缓慢降温，获得圆柱状晶体。

提拉法的优点是容易获得大尺寸且高质量的晶体，并且生长可视化，方便调整晶转速度、晶体提拉速度等工艺措施。但是，利用提拉法生长 β-Ga_2O_3 晶体会出现螺旋生长的现象，原因是生长过程中随着晶体长度增加，热量疏散更加困难，从而导致固-液界面内部温度升高，固-液界面从凸界面或平坦界面转变为凹界面，晶体的生长稳定性随之变弱，导致晶体出现螺旋生长的现象。

3.3.3 布里奇曼法

布里奇曼法，是利用坩埚的相对移动，熔体自低温区逐渐开始凝固，生长结束得到完整晶体。此方法常用于制备碱金属及碱土金属的卤化物晶体材料和一些挥发性较强的氧化物或氟化物晶体，例如 BGO、CsI、ZnTe 等。布里奇曼法根据结晶方向分为垂直布里奇曼法(VB)和水平布里奇曼法(HB)，两种方法的原理相同，都是将籽晶装入坩埚底部，再将原料装入坩埚以后，将坩埚置入加热区加热熔化。等待籽晶微熔，设置坩埚的移动速度，将坩埚从加热区穿过梯度去向冷却区移动，晶体就沿着与坩埚相反的方向移动。垂直布里奇曼法和水平布里奇曼法的差异在于设置的温度梯度方向，垂直布里奇曼法的温度梯度的轴线方向和坩埚的竖直方向与重力场方向水平，而水平布里奇曼法的度梯度的轴线方向和坩埚的竖直方向与重力场方向垂直。垂直布里奇曼法生长出的晶体对称性较好。

提拉法和导模法生长 β-Ga_2O_3 晶体一般使用铱金坩埚，利用垂直布里奇曼法生长 β-Ga_2O_3 时用到铂铑合金的坩埚，熔点大概在 2 173 K，高于 β-Ga_2O_3 晶体的熔点，且化学性质稳定，铂铑坩埚可采用半封闭或全封闭的方式，可以有效隔绝原料和外界气体反应，同时抑制原料的分解和挥发，β-Ga_2O_3 晶体同时具有较小的温度梯度。垂直布里奇曼法生长 β-Ga_2O_3 时可以多坩埚同时进行生长，提高晶体的生产效率。并且垂直布里奇曼法生长 β-Ga_2O_3 时晶体形状完全由坩埚形状决定，不需要提拉法或导模法等生长方法较难的直径扩大过程。但是，铂铑合金坩埚只能是单次使用，生产成本增加。且在晶体生长过程中，晶体和坩埚紧密贴合，会受到金属坩埚膨胀收缩的影响，会引入很大的热应力，晶体开裂的风险增大且晶体质量较差。使用垂直布里奇曼法生长 β-Ga_2O_3 时，无法观察到籽晶的变化情况，给放肩工艺带来很多麻烦。

3.3.4 导模法

导模法(edge-defined film-fed growth method, EFG)是提拉法的变形，与提拉法相比，其技术区别主要体现在金属坩埚中铱金模具的使用，模具中存在狭缝，可以减少熔体对流和表面悬浮物对晶体质量的影响。利用熔体对模具材料的润湿作用，熔体从坩埚中沿着狭缝流至模具表面，并沿着上表面铺开，形成薄膜，然后该熔体薄膜提拉出一定形状的晶体。导模法可以通过定向籽晶的选择获取特定方向的晶体，并可以通过模具上表面的形状控制生长出的晶体的横截面积的形状。导模法常用于生长单晶 Si、闪烁材料、蓝宝石等晶体。

用导模法生长 β-Ga_2O_3 单晶时需要用到铱金坩埚和铱金模具，坩埚中的原料 随着温度的升高而熔化，由于毛细作用，熔体沿狭缝缓慢上升，在模具上表面铺开，形成液膜。随后依次经历下种、收颈、放肩、等径和提脱过程。下种是指将固定于籽晶杆上的籽晶接触到模具的上表面，并放到液膜中，接着缓慢向上提拉籽晶杆。收颈是指将从小尺寸的籽晶转变到更小直径的晶体。放肩过程指液膜在降低功率的情况下随晶体生长而不断扩张，直到液膜铺满整个模具。等径阶段是指在液膜铺满模具后，开始提拉晶体和调整加热功率，使晶体外形和模具形状一致。提脱是指晶体生长到预设长度后，将晶体提起，脱离模具。

导模法与提拉法相比，导模法可以实现生长不规则形状的晶体，例如片状、管状、和毛细状；导模法的生长晶体的速度较快；导模法中无须旋转晶体就减少了晶体缺陷的产生；导模法生长的晶体质量更高，成本更低。

3.3.5 铸造法

铸造法是一种不使用籽晶生长块状 β-Ga_2O_3 的方法，整体生长结构和提拉法类似，但不需要使用籽晶，直接把原料放进坩埚中，调整加热器功率升温降温，使得原料熔化后结晶。铸造法使用的坩埚是嵌套坩埚，外层铱金坩埚为发热体。先将氧化镓粉末压成颗粒，并在 1 200～1 300 ℃下煅烧 10 h；随后放入坩埚中，氧化镓颗粒加热至 1 800 ℃，加热时间约为 8～10 h，生长气氛为 CO_2 和 O_2，在不使用籽晶的情况下，采用不同冷却速度的分段冷却方法将熔体冷却至室温，冷却时间大约为 12～18 h，在冷却过程中引入惰性气体来代替氧气气氛。熔体在自发形成的内部籽晶引导下逐渐凝固成 β-Ga_2O_3 晶体。

与提拉法和导模法相比，铸造法不需要使用籽晶，是一个自发结晶的过程，可避免引晶中的问题和减少相应的缺陷。并且 β-Ga_2O_3 熔体不与铱金坩埚直接接触，可大幅度减少 β-Ga_2O_3 熔体对铱金坩埚的破坏反应，减少铱金的损耗。晶体尺寸是由坩埚外形决定的，晶体的直径控制的步骤被省略。由于晶体被坩埚紧密包裹，在变温过程中，氧化锆坩埚的破碎及形变均有可能导致铱金坩埚的变形和氧化镓晶体中的应力积累，对晶体造成一定程度的损伤。

3.3.6 冷坩埚法

冷坩埚法已用于生长超高熔点氧化物晶体多年，例如立方体氧化锆晶体。冷坩埚法也被用于 β-Ga_2O_3 单晶的生长，此方法无须用到传统的坩埚。其晶体生长过程采用了提拉法的工艺，生长 β-Ga_2O_3 单晶时采用水冷铜坩埚代替提拉法的铱金坩埚。将氧化镓原料放入带有空隙的水冷腔体，通过高频线圈产生磁场，直接加热氧化镓原料，调整高频线圈的输出功率，氧化镓原料逐渐熔化。在氧化镓熔体和水冷腔体之间存在低温区域，熔体在这个区域凝固，这个区域取代常规方法的坩埚。通过高频加热熔化原料的中心部分，同时适当冷却周边部分，即可实现稳定的生长状态。铱金属价格急剧上涨，冷坩埚法具有明显的成本优势，不依赖于贵金属的使用。冷坩埚法是 β-Ga_2O_3 未来大规模商用化发展的潜在方向。但是冷坩埚法由于高频线圈输出效率过高，熔体对流不稳定。在晶体生长过程中，温度分布属于 M 形分布，温度分布难以控制，因此冷坩埚法当前尚未普及应用。

3.3.7 氧化镓单晶衬底制备

单晶氧化镓材料的加工技术包括晶体生长、切片、研磨、抛光等，尤其是研磨、抛光加工是决定晶片表面加工质量的关键加工工序。由于其自身的解理属性，在传统研磨加工过程中容易出现解理裂纹、解理舌、解理坑等缺陷，后期抛光过程中难以进行去除，严重影响晶片表面质量，制约其推广应用。

晶体材料要进行研磨抛光加工，一般由棒料切割成片状。切片的主要目的是提高晶棒的利用率，最大限度地减少晶体材料的浪费，保证晶片边缘和表面的完美性及表面状态。目前，硬脆材料的切割技术主要有内圆切割技术、激光切割技术和线切割技术。内圆切割技术加工大尺寸晶体时，切割效率低，切割效果差，不能满足成品要求。激光切割技术虽然加工速度快、切口质量好，但是切割效果和晶体对激光的各项参数有关。线切割是目前晶片切割的主流方法。线切割具有一系列独特优势，如锯丝挠性大、无附加作用力；切削过程中应力小、温度低；表面损伤层浅等，特别适合对薄片进行切割。切割工艺影响晶片厚度、总厚度变化、弯曲度、翘曲度等参数。

线切割后的晶片表面有很多细微碎裂损伤层，且由于切片机加工精度的限制，晶片厚度均匀性较差,晶片表面质量和平整度达不到甚至生产要求,因而需要进行研磨加工。研磨加工时,氧化镓晶片均匀黏附在载物盘上,晶片与载物盘再通过压力头压力与研磨盘接触,载物盘与研磨盘以一定的相对速度转动,并加入由磨粒、去离子水组成的研磨液,研磨液流入晶片与研磨盘之间的接触面,在离心力的作用下均匀分布在研磨盘表面,通过研磨液中磨粒对晶片的机械摩擦作用对晶片表面进行均匀去除。

晶片加工中,切割和研磨等加工工序会在晶片表面形成损伤层,使晶片有一定粗糙度,导致晶片表面完整性变差,抛光就是在研磨基础上获得更光滑和更平整的单晶表面。抛光加工作为决定晶体材料质量优劣的一道关键加工工序,其加工的晶片质量直接影响着材料的性能和使用寿命。化学机械抛光的基本过程是:将贴有氧化镓晶片的载物盘放置在抛光液环境中,使其相对于抛光垫运动,并施加一定的抛光压力,借助机械摩擦及化学腐蚀作用来完成抛光。在氧化镓抛光过程中,会在氧化镓晶片和抛光垫之间形成一层很薄的抛光液薄膜,这层膜是用来起传输磨粒和传递压力的,抛光液与晶片发生化学反应,通过化学腐蚀过程将不溶物质转化为易溶物质,然后通过机械抛光中的磨粒摩擦,将这些易溶物从氧化镓晶片表面去除掉,使得晶片表面平整度高、表面光洁度好、损伤小。

3.4 材料发展现状及应用

氧化镓单晶制备技术发展迅猛,大尺寸高质量单晶衬底不断涌现,其中导模法是目前比较成熟的商用衬底制备方法,尺寸大,缺陷密度低,占有衬底市场 90% 的份额经过了器件验证,各项指标均有公开报道;浮区法由于尺寸过小,适合于科学研究;提拉法由于受螺旋生长、熔体表面漂浮物等的影响,目前晶圆尺寸只能达到 2 英寸;垂直布里奇曼法和铸造法,虽然尺寸可以达到 6 英寸,但各项指标没有公开报道,也缺乏器件验证。目前,以导模法为代表,各种技术相互促进,不断创新,展现了氧化镓材料发展的良好势头。

最近几年 β-Ga_2O_3 单晶生长和半导体器件研制进入了高速发展阶段,氧化镓单晶生长和器件制作呈现出相互促进的发展趋势,氧化镓半导体器件性能也越来越体现出自身宽禁带的优势。β-Ga_2O_3 具有禁带宽度更大、可用制作高压功率器件,应用场景包括直流输电、光伏逆变器、高铁输电、航天航空、风力发电等领域。同时 β-Ga_2O_3 具有强的耐辐照能力和良好的高温性能,应用场景包括油井勘探、电力设备、太空探索、高温传感等领域。β-Ga_2O_3 吸收截止边更短、氧化镓禁带宽度在日盲紫外波段,日盲紫外探测器是氧化镓材料在光电器件方面的主要应用,在火灾预警、深空探测、空间通信、生物分析等方面具有重要应用价值。目前,在中低压功率器件领域,氧化镓相较于 SiC 和 GaN 具有性能和价格优势,在消费类电子产品、新能源汽车、通信、工业设备等领域与 SiC 和 GaN 形成竞争关系。

3.4.1 功率半导体器件

功率半导体器件是一类重要的半导体元件,在电路中起到整流、放大、开关的作用。功率器件几乎用于所有电子制造业，例如工业控制、4C产业、新能源、轨道交通、智能电网等。β-Ga_2O_3晶体在超高压功率器件方面的优势非常突出。β-Ga_2O_3禁带宽度是Si的四倍多，并比Si和GaN的禁带宽度大。击穿电场强度是Si的20倍以上、SiC和GaN的2倍多。作为功率器件损耗指标的Baliga优值，β-Ga_2O_3是3214，是SiC的10倍、GaN的4倍。在器件工作频率、器件尺寸、功耗方面等其他性能指标都能达到较高的水平。有望应用在电动汽车、高压输电、高速铁路等领域。目前β-Ga_2O_3研究比较多的器件结构是场效应晶体管(FET)和肖特基二极管(SBD)。

场效应晶体管通过栅压来控制漏极电流，器件仅依靠半导体中的多数载流子导电，是一种单极性功率器件。2012年日本首次制作了β-Ga_2O_3金属半导体场效应晶体管(MESFET)器件耐压达到250 V。2016年日本优化β-Ga_2O_3MOSFET器件耐压达到755 V，开关截至比高达10^9。同年美国也研制出了高性能β-Ga_2O_3MOSFET器件，器件耐压230 V，开关比10^7。氧化镓的MOSFET器件主要分为横向型和垂直型两种结构。对横向器件，电势沿平行于外延层方向分布，因此可以通过器件结构设计获得更长漂移区，获得高耐压，横向FETs击穿电压已高达10 kV，BFOMs接近1 GW/cm^2。由于β-Ga_2O_3器件的单极性，大多数β-Ga_2O_3FET是耗尽型(D型)。通过在栅极刻蚀工艺制备凹槽栅可以实现增强型开关模式(E型)。氧化镓垂直型MOSFET器件有利于实现更高的电流密度和更低的导通电阻，从而提升器件的效率和性能。此外，氧化镓垂直型MOSFET通常具有更好的散热性能，可以更有效地处理高功率应用中的热量问题。因此，垂直型MOSFET器件是当前及未来的一种重要发展趋势。肖特基二极管利用金属与半导体形成的金属-半导体结制作，是一种热载流子二极管，相对于pn结二极管具有开关频率高及正向导通电阻低的优点。2013年日本首次在(010)非故意掺杂衬底上研制出了β-Ga_2O_3SBD，器件耐压150 V。2016年，日本在衬底上外延低掺漂移层，器件耐压提高到500 V。2017年，通过增加场板结构，β-Ga_2O_3SBD耐压超过1 kV。

3.4.2 日盲紫外探测器

日盲紫外探测是继激光、红外探测技术之后迅速发展起来的新型探测技术，在紫外预警、紫外侦探、紫外制导和紫外非视线通信等领域，及环境检测、生化检测、工业燃烧过程控制、医学紫外成像等民用领域都有着重要应用。

近年来紫外探测器各领域受到广泛关注，把10～400 nm波段的光视为紫外光，包括近紫外光(NUV)、中紫外光(MUV)、远紫外光(FUV)和极紫外光(EUV)。根据光谱所在区域，还可以划分长波(UVA)，中波(UVB)，短波(UVC)和真空紫外波段(VUV)。当太阳发出天然的紫外光源辐射时，UVC辐射会被大气中100～200 nm的双原子氧和200～280 nm的臭氧吸收，VUV辐射会被空气强烈吸收。把波长介于200～280 nm的紫外光称为日盲紫外。因为受环境干扰少，工作在日盲区的紫外发光和探测器件具有全天候特点，日盲波段成像，可以有效屏蔽自然环境中光线的干扰，背景噪声非常小，因此探测灵敏度和通信准确率极高。

β-Ga_2O_3 基日盲紫外探测器主要分为金属-氧化物-金（metal-semiconductor-metal，MSM）型、肖特基二极型、异质结型、场效应型以及阵列型等几大类。其中，MSM 型器件结构简单，响应度高，应用最为广泛；异质结型器件通过构建肖特基结和异质结等，具有响应速度快、暗电流低和自供电的特点。

肖特基结构的光电探测器，主要基于金属和半导体材料在界面处的肖特基势垒，在光照下耗尽区会产生电子-空穴对，光电流增大，器件响应速度快；在黑暗环境下暗电流较低，器件响应度小。但是，肖特基结构的反向势垒较薄，因此反向偏压较低，适用于低压场合。因此，在设计 SBD 时，需要特别注意热失控现象，以避免性能不稳定或器件损坏。2019 年报道了 $Pt/n^- Ga_2O_3/n^+ Ga_2O_3$，暗电流为 200 fA，0 V 下响应度为 0.16 A/W，性能超过了目前商业化紫外探测器。

MSM 结构是基于肖特基结的一种简易结构，由金属和半导体接触形成的两个背靠背肖特基势垒构成。MSM 型探测器结构简单，易于集成且与晶体管工艺兼容，也是最为常见的器件结构。但这类器件与肖特基型器件均基于单一半导体材料，器件的可调控性较差。2007 年首次报道了欧姆型 MSM 探测器，暗电流 1.2 nA，响应度 0.037 A/W。2019 年报道了 MSM 型 α-Ga_2O_3 光电探测器，暗电流 81fA，开关比 10^7，响应速度 42 ms。

3.4.3 高亮度 LED

β-Ga_2O_3 具备透明度高、导电性好的特点，可用于垂直结构的 LED。β-Ga_2O_3 做衬底时的垂直结构的 LED 具有电流分布均匀、驱动电压低、散热效率高、亮度高和高效率等优点。最重要的是，β-Ga_2O_3 与 GaN 之间的最小晶格失配仅 2.6%，远远小于目前市场主流 Al_2O_3 衬底与 GaN 之间的晶格失配。目前 β-Ga_2O_3 LED 亮度可达蓝宝石 LED 的 5 倍，在高效率、高亮度 LED 方面有重要研究价值。

参考文献

[1] HIGASHIWAKI M, SASAKI K, KURAMATA A, et al. Gallium oxide (Ga_2O_3) metal-semiconductor field-effect transistors on single-crystal β-Ga_2O_3 (010) substrates[J]. Applied Physics Letters, 2012, 100(1):013504.

[2] WONG M H, SASAKI K, KURAMATA A, et al. Field-plated Ga_2O_3 MOSFETs with a breakdown voltage of over 750 V[J]. IEEE Electron Device Letters, 2016, 37(2):212-215.

[3] GREEN A J, CHABAK K D, HELLER E R, et al. 3.8 MV/cm breakdown strength of MOVPE-grown sn-doped β-Ga_2O_3 MOSFETs[J]. IEEE Electron Device Letters, 2016, 37(7):902-905.

[4] SASAKI K, HIGASHIWAKI M, KURAMATA A, et al. Ga_2O_3 schottky barrier diodes fabricated by using single-crystal β-Ga_2O_3 (010) Substrates[J]. IEEE Electron Device Letters, 2013, 34(4): 493-495.

[5] HIGASHIWAKI M, KONISHI K, SASAKI K, et al. Temperature-dependent capacitance-voltage and current-voltage characteristics of Pt/Ga_2O_3 (001) Schottky barrier diodes fabricated on n-Ga_2O_3 drift layers grown by halide vapor phase epitaxy[J]. Applied Physics Letters, 2016, 108(13):133503.

[6] ALEMA F, HERTOG B, MUKHOPADHYAY P, et al. Solar blind Schottky photodiode based on an MOCVD-grown homoepitaxial β-Ga_2O_3 thin film[J]. APL Materials, 2019, 7(2):022527.

[7] HOU X, SUN H, LONG S, et al. Ultrahigh-Performance Solar-Blind Photodetector Based on α-Phase-Dominated Ga_2O_3 Film With Record Low Dark Current of 81 fA[J]. IEEE Electron Device Letters, 2019, 40(9):1483-1486.

[8] GELLER S . Crystal Structure of β-Ga_2O_3[J]. The Journal of Chemical Physics, 1960, 33(3).

[9] MATSUMOTO T, AOKI M, KINOSHITA A, et al. Absorption and Reflection of Vapor Grown Single Crystal Platelets of β-Ga_2O_3[J]. Japanese Journal of Applied Physics, 1974.

[10] DONG X, YU S, MU W, et al. Wide temperature resistant semi-insulating CO:β-Ga_2O_3 single crystal based high-temperature-stable solar-blind photodetectors[J]. Journal of Materials Chemistry, 2023.

[11] UEDA N, HOSONO H, WASEDA R, et al. Synthesis and control of conductivity of ultraviolet transmitting β-Ga_2O_3 single crystals[J]. Applied Physics Letters, 1997, 70(26):3561-3563.

[12] WANG P, LI Q, HOU T, et al. Nucleation kinetics of twins in bulk β-Ga_2O_3 crystal[J]. Materials & Design, 2024, 243.

[13] MANEESHA N, SHAH A P, ARNAB A B. Elucidating the role of oxygen vacancies on the electrical conductivity of β-Ga_2O_3 single-crystals[J]. Applied physics letters, 2023, 123(17):172106. 1-172106. 5.

[14] BU Y, WEI J, SAI Q, et al. The origin of twin in (100) plane growth β-Ga_2O_3 crystal by EFG[J]. CrystEngComm, 2023.

[15] GELLER S . Crystal Structure of β-Ga_2O_3[J]. The Journal of Chemical Physics, 1960, 33(3).

[16] UEDA N, HOSONO H, WASEDA R, et al. Anisotropy of electrical and optical properties in β-Ga_2O_3 single crystals[J]. Applied Physics Letters, 1997, 71(7):933-935.

[17] LORENZ M R, WOODS J F, GAMBINO R J . Some electrical properties of the semiconductor β-Ga_2O_3[J]. Journal of Physics & Chemistry of Solids, 1967, 28(3):403-404.

[18] OHIRA S, SUZUKI N, ARAI N, et al. Characterization of transparent and conducting Sn-doped β-Ga_2O_3 single crystal after annealing[J]. Thin Solid Films, 2008, 516(17):5763-5767.

[19] 贾志泰,穆文祥,尹延如,张健等．导模法生长高质量氧化镓单晶的研究[J]. 人工晶体学报, 2017, 46(2):193-196.

[20] 吴庆辉,唐慧丽,苏良碧,等．光学浮区法生长掺锗氧化镓单晶及其性质研究[J]. 人工晶体学报, 2016, 45(6):5.

[21] 张小桃,谢建军,夏长泰,等．光学浮区法生长掺锡氧化镓单晶及性能研究[J]. 人工晶体学报, 2015, 44(9):5.

[22] 严宇超,王琤,陆昌程,等.2 英寸 Fe 掺杂高阻 β 相氧化镓单晶生长及(010)衬底性质研究[J]. 人工晶体学报,2024(11):1-6.

[23] 穆文祥,贾志泰,陶绪堂.4 英寸氧化镓单晶生长与性能[J]. 人工晶体学报,2022,51(增刊 1):1749-1753.

[24] 李志伟,唐慧丽,徐军,等．超宽禁带半导体氧化镓基 X 射线探测器的研究进展[J]. 人工晶体学报,2022,51(3):523-537.

第4章 其他材料单晶衬底

镓体系半导体材料单晶衬底还包括硅(Si)、碳化硅(SiC)、氮化镓(GaN)、磷化铟(InP)和砷化铟(InAs)等,其中 Si、SiC 和 GaN 在有很多专著中已经有详细介绍,在此不再赘述,本章主要对 InP 和 InAs 进行介绍。InP 和 InAs 与 GaAs、GaSb 同属于Ⅲ-Ⅴ族,具有相似的物理和化学性质。一方面,它们晶体结构相同,均为闪锌矿结构,而且晶格常数相近,是镓体系半导体器件中常用的衬底材料。另一方面,InP 和 InAs 都是直接带隙,具有很高的载流子迁移率,因此可以制作高性能微电子器件(例如高迁移率场效应晶体管和微波集成电路)以及光电子器件(例如发光二极管、激光二极管和光电二极管等)。此外,InP 和 InAs 还能与 GaAs、GaP 等化合物半导体形成带隙和晶格常数可调的固溶体,是非常重要的镓体系半导体材料。

4.1 磷化铟(InP)

4.1.1 材料介绍

磷化铟(InP)属于Ⅲ-Ⅴ族化合物半导体材料,因其独特的物理和电学特性,在电子和光电子领域有广阔的应用前景。InP 具有闪锌矿结构,其晶格参数与光纤通信中 1.3 mm 和 1.55 mm 波长窗口的激光传输所需的三元和四元合金相一致,已成为三元 GaInAs、InAlAs 和四元 GaInAsP、AlGaInAs 结构生长的首选衬底,可用来制备具有衰减少和色散小的光纤通信元器件。同时,磷化铟(InP)具有高电子迁移率、高饱和漂移速度和高热传导性能等优点,可用于制备高电子迁移率晶体管(HEMT)及异质结双极晶体管(HBT)等,这类晶体管具有高运行速度、低噪声、低阈值电压和高可靠性的特点,是制造高功率放大器、高速开关、雷达器件等设备的重要基础。此外,InP 为直接带隙结构,禁带宽度约为 1.3 eV,具有很高的光电转换效率,非常适合制备太阳能电池。目前,InP 的典型应用还包括激光器、光电探测器、雪崩光电二为直接带隙半导体极管、光调制器和放大器、光波导器件、量子光子器件、光电和光子集成电路,以及其他用于光通信、交换、网络和信号处理的新器件。

4.1.2 材料特性

磷化铟(InP)呈银灰色,有金属光泽,分子量为 145.795,密度为 4.787 g/cm^3,质地软脆,具有闪锌矿结构,晶格常数为5.869 Å。磷化铟的晶体结构可以看作是由铟原子构成的面心立方和由磷原子构成的面心立方沿体对角线方向位移1/4套构而成,每个In(P)原子有4个近邻P(In)原子,化学键为四面体键,键角为109°28′。InP的主要物理特性见表4-1。

表4-1　InP的主要物理特性

晶格结构	闪锌矿	折射率	3.45
晶格常数	5.869 Å	室温下禁带宽度	1.35 eV
密度	4.787 g/cm^3	能级跃迁类型	直接
熔点	1062 ℃	室温本征载流子浓度	2×10^7 cm^{-3}
线性膨胀系数	4.5×10^{-6} K^{-1}	室温电子迁移率	4 500 cm^2/(V·s)
热导率	0.70 W/(cm·K)	空穴迁移率	150 cm^2/(V·s)
介电常数(静电)	12.5	本征电阻率	8×10^7 Ω·cm
介电常数(高频)	9.61	德拜温度	425 K
电子亲和势	4.38 eV	有效电子质量	$0.08m_0$
有效空穴质量(m_h)	$0.6m_0$	有效空穴质量(m_{lp})	$0.089m_0$
熔点时蒸气压	2.75 MPa	光学声子能级	0.043 eV

注:其中m_0是电子的静止质量,$m_0=9.109\times10^{-31}$ kg。

由于晶体生长过程中Si和C等杂质的非故意引入,室温下InP的自由载流子浓度始终高于本征水平(10^7 cm^{-3}),可以达到10^{14}～10^{15} cm^{-3}。通过有效掺杂能实现更高的载流子浓度(10^{18}～10^{19} cm^{-3})。InP可以形成包括n型、p型和半绝缘型三种不同导电类型的材料。在常用的掺杂剂中,S和Sn是浅施主,可以形成n型导电。目前,S掺杂的InP衬底在磷化铟衬底市场中占据最大份额,主要用于制造激光器和探测器。Ⅱ族元素Cd、Zn、Be和Hg为受主,可以形成p型导电的InP。Zn目前是最重要的p型掺杂剂,掺杂浓度可达到10^{19} cm^{-3}。Zn具有显著的晶格硬化效应,可以降低材料中的位错密度。通常,随着掺杂浓度或者补偿比的增加,由于电离杂质散射作用,自由载流子的迁移率会降低。其中,空穴迁移率随着载流子浓度的增加下降更快,因此p型掺杂的电阻率调控范围低于n型。

半绝缘InP衬底是制造高速器件的重要材料。通过合适的掺杂,可以制备电阻率大于10^7 Ω·cm的半绝缘晶片。非掺InP通常为n型,掺Fe后可以在InP带隙中引入深受主能级,补偿残留的浅施主。通过掺入Fe原子可以将费米能级固定在中间带隙附近,从而产生类似本征的半绝缘行为。在晶体生长和后续高温处理过程中,必须对Fe元素含量和分布进行精确控制。一方面,Fe的分凝系数较小,在晶体中的溶解度有限,Fe浓度会在晶棒尾端急剧增加,当Fe浓度超过10^{17} cm^{-3}时,晶体中开始出现FeP_2沉淀相大夹杂物,可以在Fe掺杂InP单晶的尾端观察到结节状沉淀物,导致晶体无法使用。另一方面,InP中Fe的扩散系数较大,在外延生长过程中,Fe会从衬底扩散到界面及外延层中,影响器件性能。因此,降低半绝缘衬底的 Fe 浓度阈值具有重要意义。

对于典型的非掺 InP，固体中的 Fe 浓度需要超过 10^{16} cm^{-3}，进一步研究表明，实现 InP 材料的半绝缘行为所需的最低浓度在很大程度上取决于 InP 的背景纯度。通过退火处理降低原生浅施主浓度，从而降低其补偿作用，可以降低 Fe 浓度阈值。对 Fe 含量为 10^{15} cm^{-3} 的晶片在 900℃高温下进行 20～80 h 的退火处理，可以制备高纯度的半绝缘衬底，载流子迁移率达到 4 000 $cm^2/(V·s)$，这是因为高温退火可能降低了原生施主缺陷的浓度。此外，利用 Fe 在 InP 中扩散快的特点，在晶片表面沉积 Fe 源，再通过高温扩散到未掺杂的 InP 中也能获得非常均匀的半绝缘晶片，使用这种方法获得的 InP 晶片中 Fe 浓度较低且分布均匀，还能避免晶体中出现偏析。表 4-2 列出了不同掺杂类型 InP 衬底及其主要应用。

表 4-2 不同掺杂类型的 InP 衬底及其主要应用

掺杂元素	载流子浓度	导电类型	主要应用
S	$\geqslant 2\times10^{18}$ cm^{-3}	n 型	光电二极管
Sn	$(0.5\sim6)\times10^{18}$ cm^{-3}	n 型	LDs、LEDs
Zn	$\geqslant 3\times10^{18}$ cm^{-3}	p 型	高功率激光二极管
	$(2\sim5)\times10^{16}$ cm^{-3}	p 型	太阳能电池
非掺杂	$\leqslant 1\times10^{16}$ cm^{-3}	n 型	原材料
Fe	$(2\sim8)\times10^{16}$ cm^{-3}	半绝缘	多用于微波、毫米波器件及光电集成电路等

InP 单晶中存在的主要的缺陷类型包括孪晶和位错。与其他镓体系半导体材料相比，InP 具有极低的堆垛层错能，晶体中非常容易形成孪晶。孪晶会显著降低晶棒的利用率，因此在晶体生长过程中需要尽量避免。InP 孪晶的形成机制与熔体的化学计量比、晶体生长角度、温度梯度、小面生长、籽晶取向、固液界面形状、温度波动、杂质浓度、熔体过冷等诸多因素有关，通过调控晶体生长工艺，包括改进热挡板、蒸气压控制、优化旋转条件、化学计量控制、磁场稳定和晶体形状控制等，可以实现无孪晶的 InP 单晶生长。

位错是 InP 单晶中存在的一种典型线缺陷，位错缺陷是载流子的非辐射复合中心，会导致器件的漏电流增大，致使器件的性能降低，严重时直接造成器件损坏。在异质外延工艺中，由于晶格失配所形成的位错可以在适当的条件下增殖，容易“生长”至外延层，形成位错线，甚至位错网格，对外延层造成影响。单晶衬底中位错产生的主要原因是晶体生长过程中热应力。InP 中主要的位错滑移系为{111}⟨110⟩，在熔点附近，该滑移系启动的临界分切应力值较低，因此容易发生位错增殖和滑移。通过固溶强化效应可以降低晶体中的位错密度。当 InP 中溶质含量达到 10^{18} cm^{-3} 量级时，会表现出明显的固溶强化效应，进而提高位错滑移的临界分切应力值，从而降低单晶位错密度。然而，随着晶体直径的增加，即使有掺杂剂的硬化作用，位错密度也很难降低。因此，降低位错密度还需要从控制生长过程中的热应力着手。在晶体生长的过程中，通过垂直梯度凝固技术（VGF）生长的 InP 单晶，温度梯度（10～30 ℃/cm）较小，因此生长的晶体中位错密度通常小于 500 cm^{-2}，显著低于液封直拉法（LEC）生长的 InP 单晶。

4.1.3 晶体生长与衬底制备

InP 晶体的大规模商业化生长主要依赖于低成本的熔体法。首先将高纯铟和高纯磷合成磷化铟多晶料，然后再使用多晶料进行磷化铟单晶生长。磷化铟的熔点为 1 062 ℃，在此温度下，磷蒸气压已超过了 10 MPa，所以将磷和铟直接在单晶炉内合成磷化铟单晶是非常困难的。另一方面，在熔点温度附近，InP 中磷的离解压力要低得多（2.75 MPa）。因此，可以使用双温区炉将 P 蒸气输送到 In 熔体中来合成 InP 多晶。

水平布里奇曼法（HB）和水平温度梯度凝固法（HGF）目前是工业上合成磷化铟多晶的主要方法。该方法使磷蒸气与铟熔体发生反应，来合成磷化铟多晶。在高压反应炉体中，当石英舟中铟熔体的温度高于磷化铟熔体的熔点时，磷蒸气就被铟熔体吸收反应，形成磷化铟熔体，持续对铟区、合成区、磷区进行加热，直到铟熔体全部转变为磷化铟熔体。现在商用的 InP 多晶大多采用 HB 法合成，其生产速度较快也能获得质量良好的多晶材料，但是生长过程中需要严格的保持磷压在可控的范围内以防止石英管发生炸裂。

目前 InP 单晶生长技术较为成熟，能够进行批量化生长的 InP 单晶生长方法主要有高压液封直拉法（high pressure liquid encapsulated czochralski，HPLEC）、垂直温度梯度凝固法（VGF）、垂直布里奇曼法（VB）。LEC 法具有生长周期短、成晶率高等优势易于进行大规模生产，但是由于此技术生长温度梯度大，晶体产生较大的热应力，从而导致晶体位错密度较大，单晶性能相对较差。为了获得高质量、低位错密度的 InP 单晶材料，国内外一些主要机构先后开发了 VGF 和 VB 技术。这两种方法生长速度较慢，生长过程能保证 InP 单晶的化学配比，温度梯度很小，晶体所受应力较小，可以生长出位错密度非常低的晶体材料。

早在 20 世纪 80 年代初国内外生产商就可以使用 LEC 技术进行 InP 单晶生长并供应 2 英寸 InP 晶圆。随着制备工艺持续改进，晶圆材料的纯度不断提高，缺陷密度不断降低，制备的 InP 晶圆可用于先进半导体器件加工。然而，LEC 单晶炉内部结构和传感控制装置比较复杂，制造成本也比较高。此外，由于液封剂上方晶体在高温下分解严重，LEC 法生长过程需要进行复杂的蒸气压控制。为了解决生长过程中晶体分解的问题，人们开发了压力控制液封直拉法，包括 VCz，和 PCLEC 两种方法。这两种方法均采用 B_2O_3 密封剂和热壁密封容器。B_2O_3 中的轴向温度梯度从约 150 ℃/cm 降至 30 ℃/cm，因此液封剂上方 InP 晶体的温度约为 980 ℃。为了防止 InP 材料分解，需要对炉内的磷源进行单独加热，产生磷蒸气以维持化学平衡。在 VCz 方法中，使用液态 B_2O_3 密封来防止磷化铟的磷蒸气泄漏，而对于 PCLEC 则使用固体密封。采用这两种方法制备的 2 英寸 Fe 和 S 掺杂衬底的位错密度分别降低到 2 000～8 000 cm^{-2} 和 10^3 cm^{-2} 以下的范围。

VGF 方法通过在坩埚内原位结晶生长制备 InP 单晶，生长过程也需要在高压条件下进行。籽晶位于生长装置的底部，通过多温区的温度控制，合理构建从顶部熔体到底部籽晶的温度梯度，使得固液界面处形成合适的温度梯度，同时限制顶部熔体表面的温度上升，以避免熔体过热和 InP 分解。在晶体生长过程中，籽晶首先被部分熔化并被熔体润湿，形成稳定且性能良好的界面。在结晶阶段通过对加热器进行编程，以恒定的速率向上移动熔体等温线，并在晶体生长时保持均匀且较低的温度梯度。VGF 方法的主要优点是晶体在坩埚内生长，因此不存在晶体外形控制问题，生长过程中可以使用非常低的温度梯度，因此热应力和位错密度比 LEC 系统低得多。熔体的自由表面也能与生长界面很好地分离，最大限度地减少了表面污染物混入的可能性。该生长系统不需要升降和旋转等机械传动或任何直径控制系统，因此单晶炉价格更便宜。由于 VGF 系统中不旋转熔体和晶体，并且没有熔体浮力驱动的强自然对流振荡，因此较少出现生长条纹。然而，VGF 生长无法监控籽晶和晶体生长过程，因此不能及时发现孪晶并及时调整晶体生长。VGF 法典型的生长速度约为 2 mm/h，因此使用 VGF 法进行单晶生长的周期比 LEC 法长得多。

4.1.4 材料发展现状及应用

InP 基器件和单片微波集成电路（MMIC）主要应用于微波通信、精确制导、雷达和电子对抗等领域，对当今武器系统构建有重要作用。国际上 InP 基 HEMT、DHBT 已成毫米波高端应用的支柱产品，代表着三端器件的最高水平。今后在相当长的一段时期内，我国对 InP 基的毫米波技术有巨大的需求。目前，我国毫米波技术在 3 mm 波段的发展与国外存在很大的差距，从 GaAs MMIC 的制造技术向 InP MMIC 制造技术过渡面临不少困难，其中最主要的原因是缺少高质量的 InP 单晶和外延生长技术，导致电路制造的成品率低。

1910 年有学者最早合成出了 InP 材料，进入 20 世纪 70 年代后期，以 InP 单晶为衬底制作的长波长激光器首次实现室温下激射后，InP 单晶才开始引起人们的重视，正式开启了 InP 单晶材料和相关器件的研制和发展。当前全球已有超过 130 家企业及超过 100 家大学或研发中心，致力于开发磷化铟晶体生长、器件和应用研究。高质量 InP 的制备比 Ge，Si，GaAs，GaP 等材料困难得多，仅日本、英国、法国、美国和中国的少数公司有能力批量生产 InP 单晶材料。目前国际上商品化的 InP 衬底都是 2、3、4 英寸的小尺寸单晶，6 英寸的大尺寸衬底正在研发当中。

目前，微电子和光电子器件都在往高性能和小型化的方向发展，在器件尺寸不断微缩的背景下，单个缺陷的影响越来越重要，因此对降低位错等缺陷密度的需求也在不断增加。此外，掺杂剂在晶锭中的均匀分布也是使材料符合生产要求的关键。由于杂质分凝效应，无论是 n 型还是 p 型材料，生长的 InP 块状晶体的电阻率通常在整个长度上分布不均匀。而且，掺杂剂的不均匀分布甚至会以生长条纹形式显现出来，严重降低器件的性能。因此，需要不断改进 InP 的生长方法，重新设计生长装置以降低生长过程的温度梯度和局部热波动。此外，我国的切、磨、抛、洗等后工艺水平目前还不能完全满足用户的使用需求，需要进一步改进工艺，提高加工精度和表面质量。

4.2 砷化铟(InAs)

4.2.1 材料介绍

砷化铟(InAs)是由Ⅲ族元素铟(In)和Ⅴ族元素砷(As)化合而成的一种重要的镓体系半导体材料，它的电子迁移率极高，可达到 10^4 $cm^2/(V \cdot s)$量级，特别适用于制备高速电子设备，如高电子迁移率晶体管(HEMT)等，在通信、雷达、卫星等领域有广泛的应用。InAs 对长波红外具有很强的吸收性和敏感性，以 InAs 单晶为衬底可以生长 InAsSb，InAsPSb，InNAsSb 等异质结材料，制作波长 2～14 μm 的红外发光器件，用 InAs 单晶衬底还可以外延生长 AlGaSb 超晶格结构材料，制作中红外量子级联激光器等。这些红外器件在气体监测、低损耗光纤通信等领域有良好的应用前景。

4.2.2 材料特性

在室温下 InAs 外观呈银灰色，有金属光泽，熔点为 934 ℃，密度为 5.67 g/cm^3。InAs 的晶格结构为闪锌矿结构，属于面心立方点阵，晶体结构是由 In 原子构成的面心立方点阵和 As 原子构成的面心立方点阵，沿体对角线方向平移 1/4 对角线长度套构而成。其晶格常数为 $a=6.06$ Å，原子密度 3.59×10^{22} cm^{-3}，配位数为 4，解理面是(110)面。

闪锌矿结构与金刚石结构相比缺少一个对称中心，[111]方向是一系列的 In 原子和 As 原子组成的双原子层，由于 In 原子和 As 原子有效电荷不同，所以双原子层便成为电偶极层，通常把 In 原子定义为 A 原子，表面为 In 原子的面称为 A 面，As 原子称为 B 原子，表面为 As 原子的面称为 B 面。

InAs 的导带极小值和价带极大值处于布里渊区中心，其能带结构是直接跃迁型，室温下禁带宽度(E_g)为 0.36 eV，属于窄带隙材料。由于 InAs 的 Γ 能谷和 L 能谷能量差为 0.7 eV，比禁带宽度值还大，因此 InAs 中电子的谷间转移效应并不明显。其禁带宽度(E_g)随温度(T)的变化规律满足式(4-1)。

$$E_g=0.415-2.76\times10^{-4}\frac{T^2}{T+83} \tag{4-1}$$

表 4-3 是常见半导体材料基本物理性质的对比。从表 4-3 中可见，InAs 与其他典型的半导体材料相比，禁带宽度小、电子有效质量小、电子迁移率高、载流子寿命长。

表 4-3　常见半导体材料的基本物理性质

性　质	Si	Ge	GaAs	InAs
原子序数	14	32	31/33	49/33
原子量或分子量	28.9	72.6	144.63	189.72
原子或分子密度	5.00×10^{22} cm^3	4.42×10^{22} cm^3	2.21×10^{22} cm^3	3.59×10^{22} cm^3
晶体结构	金刚石	金刚石	闪锌矿	闪锌矿
晶格常数	5.43 Å	5.66 Å	5.65 Å	6.06 Å
密度	2.33 g/cm^3	5.32 g/cm^3	5.32 g/cm^3	5.67 g/cm^3
相对介电常数	11.7	16.3	19.4	14.6
击穿电场	30 V/μm	8 V/μm	35 V/μm	4 V/μm
熔点	1 417 ℃	937 ℃	1 238 ℃	934 ℃
蒸气压	10^{-7} Torr①(1 050 ℃)	10^{-7} Torr(880 ℃)	1 Torr(1 050 ℃)	250 Torr
比热	0.70 J/g·℃	0.31 J/g·℃	0.35 J/g·℃	0.25 J/g·℃
热导率	1.50 W/cm·℃	0.6 W/cm·℃	0.8 W/cm·℃	0.27 W/cm·℃
扩散系数	0.90 cm^2/s	0.36 cm^2/s	0.44 cm^2/s	0.19 cm^2/s
线热膨胀系数	2.5×10^{-6} ℃$^{-1}$	5.8×10^{-6} ℃$^{-1}$	5.9×10^{-6} ℃$^{-1}$	4.52×10^{-6} ℃$^{-1}$
有效态密度 导带(N_c) 价带(N_v)	 2.8×10^{19} cm^{-3} 1.0×10^{19} cm^{-3}	 1.0×10^{19} cm^{-3} 6.0×10^{18} cm^{-3}	 4.7×10^{17} cm^{-3} 7.0×10^{18} cm^{-3}	 8.7×10^{16} cm^{-3} 6.6×10^{18} cm^{-3}
禁带宽度	1.12 eV	0.67 eV	1.43 eV	0.36 eV
禁带类型	间接	间接	直接	直接
晶格电子迁移率	1 350 $cm^2/(V\cdot s)$	3 900 $cm^2/(V\cdot s)$	8 600 $cm^2/(V\cdot s)$	22 600 $cm^2/(V\cdot s)$
晶格空穴迁移率	480 $cm^2/(V\cdot s)$	1 900 $cm^2/(V\cdot s)$	250 $cm^2/(V\cdot s)$	450 $cm^2/(V\cdot s)$
本征载流子浓度	1.45×10^{10} cm^{-3}	2.4×10^{13} cm^{-3}	9.0×10^{6} cm^{-3}	1×10^{15} cm^{-3}
本征电阻率	2.3×10^{5} Ω·cm	47 Ω·cm	10^{8} Ω·cm	0.16 Ω·cm
电子有效质量	$0.98m_0$ $0.19m_0$	$1.6m_0$ $0.08m_0$	$0.063m_0$	$0.023m_0$
空穴有效质量	$0.49m_0$ $0.16m_0$	$0.33m_0$ $0.043m_0$	$0.51m_0$ $0.082m_0$	$0.41m_0$ $0.026m_0$

注：m_0 是电子的静止质量。

在电学性质上，与 GaAs、GaSb 和 InP 不同，InAs 表面存在电子积累区，称为表面的电子积累层(SEAL)，其厚度可以根据拉曼谱峰进行确定。随退火温度的增加，拉曼峰强度(I_{LO})逐渐降低，最终相应拉曼峰消失，表明电子积累层的消失。

$$\frac{I_{LO}}{I_{L\_}}=\frac{R_{LO}}{R_{L\_}}(e^{2ad}-1) \tag{4-2}$$

① 1 Torr=133.322 368 4 Pa。

式中，I_{LO} 和 $I_{L\_}$ 为 LO 和 L_模的拉曼峰强度；R_{LO} 和 $R_{L\_}$ 为相应振动模的散射系数；α 为吸收系数；d 为电子积累层的厚度。

在光学性质上，InAs 具有非常强的非线性光吸收性质，室温下光反射指数为 3.54，非线性光吸收系数为 200×10^{-12} m/V，双光子吸收系数为 890 cm/GW，InAs 对光的吸收机制与光的能量有关。当 InAs 吸收的光子能量大于其禁带宽度时，吸收系数 α 和光子能量 h_{υ} 的关系为

$$\alpha=\alpha_0(h_{\upsilon}-h_{\upsilon_t})^n \tag{4-3}$$

式中，h_{υ} 是光子能量；h_{υ_t} 是阈能；n 取决于材料种类；α_0 为本征吸收限处的吸收系数。

当光子能量降低到大小相当于禁带宽度大小时，透射突然增加，在 InAs 的光吸收或透射谱中出现十分陡直的"吸收限"。光子能量继续降低至小于 InAs 的禁带宽度时，InAs 的光吸收性质由光子和自由载流子的相互作用决定，跃迁发生在价带或导带中。

室温下，本征 InAs 对于能量低于禁带宽度波段的光吸收机制主要有以下几种类型：(1)自由电子的自由载流子吸收机制(FCAe)；(2)空穴的自由载流子吸收机制(FCAh)；(3)空穴的价带间吸收(IVB)；(4)电子在导带能谷间的吸收(CVB)。因此其吸收系数 α 可表示为 $\alpha=\alpha_{FCAe}+\alpha_{FCAh}+\alpha_{IVB}+\alpha_{CVB}$。由于 InAs 导带中最近的两个能谷之间能量差为 0.72 eV，该值远大于 InAs 的禁带宽度(0.36 eV)，因此电子在导带能谷间的吸收(CVB)几乎不对材料的光吸收做贡献。对于 n 型 InAs 单晶样品，电子浓度满足 $n\gg n_i$(n_i 是 InAs 的本征载流子浓度)，所以吸收系数主要由电子吸收系数和价带能级之间的吸收系数构成；对于 p 型样品 $p\gg n_i$，吸收系数主要以价带吸收和空穴吸收为主；而对于本征或补偿样品，由电子和空穴引起的载流子吸收都不能被忽略。InAs 中除了上述光吸收机制外还有比较弱的激子吸收、晶格振动吸收等。对于掺杂 InAs 还会有杂质吸收，即材料吸收一定能量后，束缚在杂质能级上的电子(空穴)从施主能级(受主能级)跃迁到导带(价带)。

按杂质对 InAs 单晶电学性质的作用，杂质大体可以分为三类：①施主杂质，包括 S、Se、Te、Si、Ge、Sn、Cu、C；②受主杂质，包括 Zn、Cd、Mg、Be；③中性杂，P 和 Pb。一般来讲，Ⅱ族原子和Ⅵ族原子通常以替位的形式进入晶格，Ⅱ族原子置换Ⅲ族原子产生受主中心，Ⅵ族原子置换Ⅴ族原子产生施主中心。但是，若这些杂质原子以填隙的形式进入晶格，则情况不同，Ⅳ族原子倾向于替代 InAs 中的 In 原子成为替位原子。

InAs 晶体中的点缺陷有空位、间隙原子和替位原子等。对空位缺陷而言，其成因是晶体中的晶格原子在热运动过程中获得足够能量后离开正常格点位置形成的，因此空位的浓度与温度密切相关。InAs 中的砷空位(V_{As})起施主作用，铟空位(V_{In})起受主作用。由于高温下砷元素挥发性极高，并且铟空位的形成能高于砷空位的形成能，所以在实际的晶体生长过程中，V_{As} 是主要的空位缺陷。间隙原子是插入晶体格点间隙处的原子，由于 In 原子和 As 原子的原子半径都比较大，晶胞中间隙较小，因此 InAs 中的间隙原子形成能高，形成间隙原子的概率很小。替位原子是指占据原来晶格的某些格点的原子。在不考虑外来杂质

时，InAs中有两种替位原子，分别为In_{As}、As_{In}，其中前者为受主，后者为施主。除了化合物本身的组元可以形成替位原子外，其他杂质也有可能成为替位杂质。例如，一般掺杂的半导体中杂质原子占据替代位置，便会形成n型或p型半导体，掺杂浓度非常大时，也会形成间隙杂质。

InAs晶体中的典型线缺陷是位错。常见的位错类型有螺型位错、刃型位错和混合位错。对于具有闪锌矿结构的InAs单晶，其位错移动速度比其他材料更快，常见的位错有呈60°夹角的α位错，β位错和螺型位错，其中α位错的移动速度比β型位错快，螺型位错的移动速度大致等于β位错的移动速度。对于掺杂InAs单晶来说，S元素的掺入可以有效降低α位错和β位错的移动速度，而Zn掺杂可以有效增强α位错的移动速度而减小β位错的移动速度。

InAs晶体生长过程中位错形成的主要原因有：①晶体生长过程中热应力的存在；②籽晶中位错的繁殖；③放肩过程引入位错。因此针对上述原因，提出的降低位错产生的措施有：①降低晶体生长过程中的温度梯度，降低熔体中的热应力；②适当掺杂使晶体中产生杂质硬化效应；③选用低位错密度、直径大小合适的籽晶；④选择合适的放肩角度，降低位错的产生。

由于InAs的化学键中有一定离子键的成分，其堆垛层错能较小(材料中原子键的离子性越强，层错能越小)，所以在单晶生长过程中容易发生堆垛层错，并形成孪晶。

此外，InAs单晶中还存在杂质缺陷复合体：①Cu^-位错复合体，在InAs单晶中，Cu原子是施主杂质，且扩散速度非常快。位错处的Cu原子是非电活性的，但是加热时它们会扩散出去，快速降温后可以冻结到晶格中成为电活性的，低温退火后会再次返回到位错处。②C-H复合体，根据第一性原理的计算结果，占据As位的替位C原子可以与H原子形成缺陷复合体C_{As}-H_{BC}，根据能量最低组态原理，H占Bond center(BC)位置。这种C-H复合体可以对碳产生钝化作用，高温下C-H复合体会分解。

4.2.3 单晶生长

液封直拉法(LEC)是早期制备InAs单晶的常用方法，其原理是加热石英坩埚中的原料使之完全熔化并达到平衡温度后，将籽晶逐渐浸渍到熔体中，精密的控制和调整温度，使籽晶和熔体在交界面上不断进行原子或分子的重新排列，缓慢的向上提拉籽晶杆并以一定速度旋转，与籽晶接触的熔体首先获得一定的过冷度发生结晶，通过不断提拉籽晶杆，使结晶过程连续进行，实现连续的晶体生长。直拉法生长单晶时，温度与热场，籽晶的旋转速度，提拉速率，生长气氛和坩埚的材质，都会直接影响单晶的生长与质量。

垂直梯度凝固法(VGF)和垂直布里奇曼法(VB)也是生长InAs单晶的常用方法。VGF与VB技术的生长系统基本上相同，两者的区别在于，VGF法是通过设计特定的温度分布使固液界面以一定速度由下往上“移动”，使单晶由下往上生长；VB技术则是通过加热炉相对于反应管移动，使熔体逐步结晶而完成单晶生长。下面主要对 VB 技术进行介绍。

VB 技术生长的原理是籽晶和用于晶体生长的多晶材料装在圆柱形的坩埚中，然后用石英安瓶将其密封，炉体的工作温度由加热器控制。晶体生长工艺开始后，随着坩埚缓慢地下降，并通过具有一定温度梯度的加热区域，坩埚中的材料熔化，当坩埚持续下降时，坩埚底部的温度先下降到熔点以下，并开始结晶，晶体随坩埚下降而持续长大。

水平布里奇曼法（HB）一般采用石英管和石英坩埚进行单晶生长。HB 技术采用三温区加热，高温区要高于熔点温度，以维持其熔体状态，低温区使 As 蒸气压维持在 0.1 MPa，以防止组分挥发，中温区介于高温区和低温区之间，既可以调节固液界面附近的温度，还有利于抑制石英舟中 Si 晶体的污染。

4.2.4　材料发展现状及应用

InAs 作为衬底，可以用于外延生长异质结超晶格，如 GaSb，InAsSb，InAsPSb 等，用于长波长红外发光器件、量子级联激光器和红外探测器等。此外，InAs 单晶电子迁移率高，适合制作高速电子器件，同时是制作红外窗口的理想材料。

1. 红外探测器

红外辐射在 19 世纪被发现，红外波段不同波长的电磁辐射在大气中传输的透过率不同。根据波长不同，分为短波红外、中波红外和长波红外窗口，是红外探测最重要的三个大气窗口，在红外探测和遥感中应用广泛。1.4～2.5 μm 波段属于短波红外窗口，常被用来探测植被含水量以及用于地质制图等，透过率约为 80%；3.0～5.0 μm 波段属于中波红外窗口，总体透过率约为 60%～70%；长波红外窗口是 8.0～14.0 μm，又称热红外窗口，主要来自物体自身的热辐射，特别适合在夜间成像，该窗口辐射透过率约 80%。基于此衍生出来的红外技术在两个多世纪以来其应用已经拓展至各行各业，包括航天遥感、科学研究、工农业生产、医疗卫生、机器视觉、智能出行以及家居物联等。

利用半导体的光电效应可以制备光子型红外探测器。可用于光子型红外探测的二元化合物材料主要包括硫化铅（PbS）、硒化铅（PbSe）、碲化铅（PbTe）和锑化铟（InSb）等，多元化合物以Ⅱ-Ⅵ族碲镉汞（mercury cadmium telluride, HgCdTe, MCT）为主，其带隙可调，以禁带直接跃迁方式响应红外辐射使其对红外光高度敏感，红外吸收效率很高，自从被发明以来，一直是红外探测器的首选材料体系。随着半导体材料科学的发展及高精度加工技术的进步，近几十年来，全新的量子调控概念被逐渐应用到新型探测器材料体系中，如量子阱红外探测器（quantum well infrared photodetector, QWIP）和 InAs/GaSb Ⅱ类超晶格红外探测器。

室温下，InAs 导带底位于 GaSb 价带顶之下，当周期生长纳米厚度的 InAs 层和 GaSb 层时，就形成 InAs/GaSb Ⅱ类超晶格材料，其电子和空穴在空间上分离，电子限制在 InAs 层中，空穴限制在 GaSb 层中。其有效禁带宽度为电子微带至空穴微带的能量差，当外部有能量足够的光入射时，微带间的电子会发生跃迁，实现光吸收。

与 MCT 红外探测器和量子阱、量子点红外探测器相比，InAs/GaSb Ⅱ类超晶格红外探测器具有以下优点：①对 MCT 探测器而言，需精确控制 Hg 和 Cd 的摩尔比来控制探测器的响应波长，而 InAs/GaSb Ⅱ类超晶格红外探测器则可以通过改变超晶格的周期厚度，实现 1～30 μm 范围内连续调节其响应截止波长；②通过调节应变及能带结构，使轻重空穴能级分离，降低俄歇复合及暗电流，提高载流子寿命，从而提高红外探测器的工作温度；③InAs/GaSb 具有不对称型Ⅱ类能带结构，电子和空穴在空间分离，大大减小电子与空穴间的相互作用，大大提高电子有效质量，隧穿电流密度低；④相比于量子阱红外探测器来说，InAs/GaSb Ⅱ类超晶格红外探测器基于带间跃迁，能吸收垂直入射的红外光，不需要制作工艺复杂的光栅；⑤同时该技术建立在较为成熟的Ⅲ-Ⅴ族化合物半导体技术之上，可实现高性能红外焦平面制备，具有优越的材料均匀性，成为当前红外焦平面技术研究的一大热点。

2. 激光器

InAs/GaSb 是Ⅱ类超晶格的典型材料组合，基于 InAs 衬底和 GaSb 衬底可以外延生长 AlSb/InAs/GaInSb/InAs/AlSb 量子阱超晶格材料，是量子级联激光器的重要衬底材料。InAs 基子带间跃迁量子级联激光器的激光波长在 3～20 μm 范围，InAs 基带间跃迁量子级联激光器的激光波长在 3～10.4 μm 范围。

量子级联激光器经过近三十年的发展，已经实现了 3.4～17 μm 的室温连续工作，在某些波段功率达到瓦级，广泛应用于各类检测和遥感。利用大功率红外波段量子级联激光器的腔内差频可使 THz DFG-QCL 实现室温工作。从 QCL 发展进程来看，电子有效质量是高性能 QCL 的重要参数，InAs 衬底上的 InAs/AlSb 材料体系的量子级联激光器的性能已经超越了 InP 衬底上 InGaAs/InAlAs 材料体系量子级联激光器。随着材料制备技术的进步，可以预见电子有效质量小的 InAs 相关的材料体系有望成为未来最有前景的量子级联激光器材料体系。

3. 高速电子器件

InAs 还可以用于制备高迁移率晶体管。在高速化合物半导体器件中，高电子迁移率晶体管起到举足轻重的作用。第一代 HEMT 器件，是调制掺杂 GaAs/AlGaAs 异质结构，在异质结构界面存在具有二维行为的电子气，并且电子气具有高的迁移率。利用调制掺杂技术，载流子与其掺杂母体电离杂质在空间上分离开，使库伦散射作用降低，迁移率提高。调制掺杂技术开辟了微波、毫米波电子器件的市场，目前 HEMT 器件已经成为集成电路最重要的核心部分。第二代 InP 基 n-InAlAs/InGaAs/InP HEMT 结构，通过进一步提高 In 组分来提高材料性能。第三代是目前正在研发中的以 InAs 为沟道，晶格匹配 AlSb 作为势垒的 HEMT 结构。InAs 沟道的高电子迁移率和漂移速度、InAs 和 AlSb 之间大的导带带阶（1.35 eV），使 InAs 沟道层具有更高的二维电子气浓度。

InAs 由于禁带宽度窄，在较低电压下拥有优良的电性能，常被用作高速 HEMT 的沟道材料。以 AlSb 为势垒层 InAs 为沟道层的 InAs/AlSb HEMTs 器件具有非常优异的物理性能,如高截止频率、极低功耗和良好的噪声性能等。此外,其电学特性对工作温度敏感,在极低的环境温度下,InAs 沟道电子迁移率显著提高,使器件工作速度大幅提高,更适合于超高速电路的应用;同时极低温度下器件的功耗显著降低,噪声性能也显著提升,使 InAs/AlSb HEMTs 器件在低温低噪声放大器应用上具有天然优势。基于上述原因,InAs/AlSb HEMTs 器件在微波领域,空间通信,雷达阵列以及便携式装置,太空通信以及天文学射电系统等需要低功耗、低噪声应用的领域具有非常高的研究和应用价值。

参考文献

[1] WALUKIEWICZ W, LAGOWSKI J, JASTRZEBSKI L, et al. Electron mobility and free-carrier absorption in InP; determination of the compensation ratio[J]. Journal of Applied Physics, 1980, 51(5):2659-2668.

[2] BENZAQUEN M, MAZURUK K, WALSH D, et al. Determination of donor and acceptor impurity concentrations in n-InP and n-GaAs[J]. Journal of Electronic Materials, 1987, 16(2):111-117.

[3] SMITH N A, HARRIS I R, COCKAYNE B, et al. The identification of precipitate phases in Fe-doped InP single crystals[J]. Journal of Crystal Growth, 1984, 68(2):517-522.

[4] HOLMES D E, WILSON R G, YU P W. Redistribution of Fe in InP during liquid phase epitaxy[J]. Journal of Applied Physics, 1981, 52(5):3396-3399.

[5] WOLF D, HIRT G, MULLER G. Control of low fe content in the preparation of semi-insulating InP by wafer annealing[J]. Journal of Electronic Materials, 1995, 24(2):93-97.

[6] ZACH F X, HALLER E E, GABBE D, et al. Electrical properties of the hydrogen defect in InP and the microscopic structure of the 2316 cm^{-1} hydrogen related line[J]. Journal of Electronic Materials, 1996, 25(3):331-335.

[7] EWELS C P, ÖBERG S, JONES R, et al. Vacancy and acceptor H complexes in InP[J]. Semiconductor Science and Technology, 1996, 11(4):502-507.

[8] FORNARI R, GOROG T, JIMENEZ J, et al. Uniformity of semi-insulating InP wafers obtained by Fe diffusion[J]. Journal of Applied Physics, 2000, 88(9):5225-5229.

[9] GOTTSCHALK H, PATZER G, ALEXANDER H. Stacking fault energy and ionicity of cubic Ⅲ-Ⅴ compounds[J]. Physica Status Solidi (a), 1978, 45(1):207-217.

[10] CHEN R T, HOLMES D E. Effect of Melt Stoichiometry on Twin Formation in LEC GaAs[J]. Journal of The Electrochemical Society, 1982, 129(10):2382-2383.

[11] HURLE D T J. A mechanism for twin formation during Czochralski and encapsulated vertical Bridgman growth of Ⅲ-Ⅴ compound semiconductors[J]. Journal of Crystal Growth, 1995, 147(3-4):239-250.

[12] ODA O, KATAGIRI K, SHINOHARA K, et al. Chapter 4 InP Crystal Growth, Substrate Preparation and Evaluation[M]//Semiconductors and Semimetals:Vol. 31. Elsevier, 1990:93-174.

[13] NEUBERT M, KWASNIEWSKI A, FORNARI R. Analysis of twin formation in sphalerite-type compound semiconductors: A model study on bulk InP using statistical methods[J]. Journal of

Crystal Growth, 2008, 310(24):5270-5277.

[14] STEINEMANN A, ZIMMERLI U. Growth peculiarities of gallium arsenide single crystals[J]. Solid-State Electronics, 1963, 6(6):597-604.

[15] BONNER W A. InP synthesis and LEC growth of twin-free crystals[J]. Journal of Crystal Growth, 1981, 54(1):21-31.

[16] SHIBATA M, SASAKI Y, INADA T, et al. Observation of edge-facets in ⟨100⟩ InP crystals grown by LEC method[J]. Journal of Crystal Growth, 1990, 102(3):557-561.

[17] HULME K F, MULLIN J B. Indium antimonide—A review of its preparation, properties and device applications[J]. Solid-State Electronics, 1962, 5(4):211-IN10.

[18] LEE T P, BURRUS C A. Dark current and breakdown characteristics of dislocation-free InP photodiodes [J]. Applied Physics Letters, 1980, 36(7):587-589.

[19] WANG S, SUN N, SHI Y, et al. Dynamics analysis of twin formation for InP and preparation of 6 inch InP single crystals[J]. CrystEngComm, 2024, 26(36):4964-4974.

[20] BEAM E A, TEMKIN H, MAHAJAN S. Influence of dislocation density on I-V characteristics of InP photodiodes[J]. Semiconductor Science and Technology, 1992, 7(1A):A229-A232.

[21] ZOU Y F, ZHANG H, PRASAD V. Dynamics of melt-crystal interface and coupled convection-stress predictions for Czochralski crystal growth processes[J]. Journal of Crystal Growth, 1996, 166 (1-4):476-482.

[22] TATSUMI M, KAWASE T, ARAKI T, et al. Growth of low-dislocation-density InP single crystals by the VCz method[C]//Intl Conf on Indium Phosphide & Related Materials for Advanced Electronic & Optical Devices. 1989.

[23] TATSUMI M, HOSOKAWA Y, IWASAKI T, et al. Growth and characterization of Ⅲ-V materials grown by vapor-pressure-controlled Czochralski method: comparison with standard liquid-encapsulated Czochralski materials[J]. Materials Science and Engineering:B, 1994, 28(1-3):65-71.

[24] KOHIRO K, KAINOSHO K, ODA O. Growth of low dislocation density InP single crystals by the phosphorus vapor controlled LEC method[J]. Journal of Electronic Materials, 1991, 20(12): 1013-1017.

[25] CHEN K S, YEH H M, YAN J L, et al. Finite-element analysis on wafer-level CMP contact stress: reinvestigated issues and the effects of selected process parameters[J]. The International Journal of Advanced Manufacturing Technology, 2009, 42(11-12):1118-1130.

[26] 刘恩科,朱秉升,罗晋生. 半导体物理学[M]. 4版. 北京:电子工业出版社,2010.

[27] HÖGLUND L, ASPLUND C, MARCKS V W R, et al. Advantages of T2SL: results from production and new development at IR nova[C]//ANDRESEN B F, FULOP G F, HANSON C M, et al. Defense + Security. Baltimore, Maryland, SPIE, 2016.

[28] KLIPSTEIN P C, LIVNEH Y, GLOZMAN A, et al. Modeling InAs/GaSb and InAs/InAsSb Superlattice Infrared Detectors[J]. Journal of Electronic Materials, 2014, 43(8):2984-2990.

[29] GONG X Y, KAN H, MAKINO T, et al. Light emitting diodes fabricated from liquid phase epitaxial InAs/$InAs_xP_{1-x-y}Sb_y$/$InAs_xP_{1-x-y}$Sby and InAs/$InAs_{1-x}Sb_x$ Multi-Layers [J]. Crystal Research and Technology, 2000, 35(5):549-555.

[30] KONG X, WEI K, LIU G, et al. Improved performance of highly scaled AlGaN/GaN high-electron-mobility transistors using an AlN back barrier[J]. Applied Physics Express, 2013, 6(5):051201.
[31] LI W, WANG Q, ZHAN X, et al. Impact of dual field plates on drain current degradation in InAlN/AlN/GaN HEMTs[J]. Semiconductor Science and Technology, 2016, 31(12):125003.
[32] HACKER J B, BERGMAN J, NAGY G, et al. An ultra-low power InAs/AlSb HEMT W-band low-noise amplifier[C]//IEEE MTT-S International Microwave Symposium Digest, 2005.

第5章 异质结双极型晶体管

5.1 概　　述

5.1.1 工作原理

双极结型晶体管(bipolar junction transistor,BJT)简称双极型晶体管,由于其包含两个pn结而得名,其内部同时有自由电子和空穴两种极性的载流子同时参与导电,由于pn结中的n型区和p型区一般使用同种半导体材料,因此也被称为同质结。

异质结双极型晶体管(heterojunction bipolar transistor,HBT)指的是发射结或收集结采用异质结而不是PN同质结来实现的双极型晶体管,异质结指的是两种带隙宽度不同的半导体材料长在同一块单晶上形成的结,通常宽带隙半导体材料作为发射区,窄带隙材料作为基区,采用这种结构降低了电子从发射区注入到基区的势垒,同时提高了空穴由基区向发射区反注入的势垒,从而提高了注入效率和电流增益,使器件在保持较高电流增益的条件下,提高晶体管的速度和工作频率。根据发射结或收集结采用异质结的情况可以将其分别称为单异质结双极型晶体管(S-HBT)和双异质结双极型晶体管(D-HBT)。

HBT主要由以下三个部分组成。发射区(emitter):发射区是HBT中最宽禁带的半导体区域,通常由宽带隙材料制成,如AlGaAs。它的功能是注入载流子(主要是电子)到基区;基区(base):基区是一个较窄禁带的半导体区域,通常由较发射区禁带宽度小的材料制成,如GaAs。基区相对较薄,掺杂浓度较高,以便于少数载流子(电子)能够快速通过基区注入到集电区,对于高速操作至关重要,并且基极的掺杂剖面经过精心控制,以平衡基极电阻和迁移时间之间的权衡;集电区(collector):集电区通常由与基区相同或相似材料的半导体构成,其掺杂浓度较低,集电极区域设计用于收集从发射极通过基极注入的电子,集电极可能包括一个重掺杂的子集电极层,为收集的电流提供低电阻路径,这有助于降低集电极电阻并改善HBT的整体性能。

图5-1为npn型HBT器件的结构示意图以及工作时的能带示意图。其发射区采用宽禁带材料,基区采用窄禁带材料,在基射结界面存在带阶。价带带阶阻挡基区空穴向发射区反向注入,所以HBT的电子注入效率和电流增益大大提高。HBT在共基极工作时发射结处于正偏电压下,电子从发射区向p型基区注入,空穴从p型基区向n型发射区注入,但受

限于价带带阶的阻挡，空穴注入效率较低。此时集电结处于反偏置电压下，注入到基区的电子被集电结强电场扫过耗尽区，形成集电极电流. 如果大部分从发射区注入到基区的电子在输运过程中未被复合掉而到达集电极，那么集电极电流就接近发射极电子电流。由于发射结为正偏置，正向电阻小，集电结反偏置有大的反向电阻，因此 HBT 具有功率放大作用。

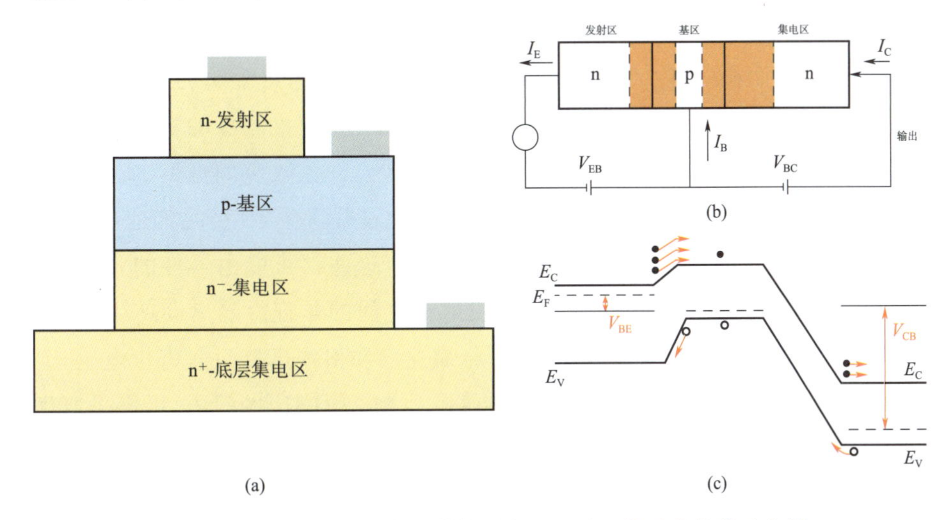

图 5-1　npn 型 HBT 器件的结构示意图以及工作时的能带示意图

1987 年，IBM 公司制造出第一个硅锗 HBT。自此，HBT 占据科技前沿开始了飞速发展。第一代 SiGe HBT 已广泛应用于集成电路中。第二代 InP、GaAs 基 HBT 也由于高频优势被广泛应用于功率放大器中。然而，随着信息技术的高速发展，通信数据量暴增，这对 HBT 器件提出了更高的功率需求。理论上 GaN 基射频/微波器件可满足下一代通信系统高输出功率、高效率的需求，GaN 基 HBT 更是 GaN 器件中高功率的佼佼者，一旦其关键技术难点得到突破，将迅速推动其成为当前炙手可热的科技前沿热点。

5.1.2　HBT 器件设计与制备

异质结双极性晶体管(HBT)的几何布局设计对于优化其性能、可靠性和可制造性至关重要。HBT 是高频和高功率电子应用中的关键组件，其布局显著影响其电特性、热管理和与其他电路元件的集成能力。

HBT 中发射极、基极和集电极区域的几何结构直接影响器件的性能参数，如电流增益、频率响应和功率处理能力。

通常射频 HBT 器件属于准垂直结构，即发射极电极、基极电极和集电极电极均在正面。在器件制备中需要将表面的发射极材料去除掉使基区材料暴露出来，并在裸露的基区材料上制备基极电极。还需将基区材料去除掉使底层集电区材料暴露出来，并在裸露的底层集电区材料上制备集电极电极。其中发射极-基极结对应的区域为器件的本征区域。其外围的基极-集电极结面积均为寄生区域。因此在 HBT 器件的几何结构设计中，发射极-基极结面积与寄生的基极-集电极结面积的比例很关键，同时发射极-基极结和基极-集电极结的面积周长比也是一个关键因素。更大的发射极-基极结面积意味着更小的结电阻，器件可获得更高输出功率，但同时也将以增加结电容为代价，因此在进行 BE 结设计时需要折中。另外，对于相同的发射极-基极结面积，不同的面积周长比对器件的性能影响也很关键。通常长条形几何结构有利于在保证较大结面积的同时，降低发射极电流拥堵效应的影响。对于基极-集电极结，结的面积应越小越好，这需要尽可能地减小基区金属的宽度以及其与发射极台面和基极台面的距离，而这些设计主要受到光学光刻的对准精度的限制。

寄生效应是 HBT 器件设计中需要重点关注的问题，寄生效应如电容、电感和电阻可以显著影响 HBT 的性能，需要仔细的布局设计以最小化这些寄生效应，尤其是在高频操作中。主要的寄生效应包括寄生电容、寄生电阻和寄生电感，这些都可能由器件的几何结构、材料特性和制造工艺引起。例如，集电极、基极和发射极之间的非理想隔离会产生寄生电容，而材料的非均匀性则可能导致寄生电阻。此外，金属化层和引线可能引起寄生电感，而高功率操作下产生的热量若未有效管理，则会导致热效应。为了解决这些问题，可以采取优化几何结构、使用低电阻材料、多孔金属化技术、热管理设计、电磁兼容性设计、先进制造技术、表面钝化技术以及集成技术优化等多种策略。

针对寄生效应的解决方法，包括精确控制器件的尺寸和布局以减少寄生电容，采用具有高电子迁移率和低电阻率的材料来降低寄生电阻，以及使用表面钝化技术减少表面态的影响。热管理方面，采用高热导率材料和有效的散热设计，如热导电基底或热沉，可以提高器件的热稳定性。同时，利用先进的外延生长技术如 MBE 和 MOCVD，可以精确控制材料的生长，减少晶体缺陷和寄生效应。通过这些综合技术手段，HBT 器件的寄生效应得到了有效控制，从而提高了器件在高频和高功率应用中的性能和可靠性。

寄生电容：寄生电容通过增加有效负载电容可以降低 HBT 的高频性能。布局设计应最小化不同区域和接触之间的重叠以减少寄生电容。使用低 k 介电材料和如空气桥等技术也有助于减少寄生电容。

寄生电感：寄生电感会导致信号完整性问题并降低高频电路的性能。布局设计应最小化互连的长度和回路面积以减少寄生电感。使用接地平面和屏蔽等技术也有助于最小化电感耦合。

寄生电阻：寄生电阻会增加器件的串联电阻并降低其性能。布局设计应确保低电阻接触和互连，通过使用重掺杂区域和多层金属化来实现。使用低电阻材料如铜或金也有助于减少寄生电阻。

5.1.3 HBT 的直流与射频特性

1. 基区展宽效应

在集电极电流密度较小时，集电极偏压在结处呈三角形分布。电子在耗尽区电场的作用下做漂移运动，集电极偏压较大，能提供足够大的电场使电子加速到饱和漂移速度

($v_{\text{sat,n}}$)，耗尽区电子浓度(n_e)和集电极电流密度(J_C)的关系为

$$n_e = \frac{J_C}{qv_{\text{sat,n}}} \tag{5-1}$$

式中，q 为电子电荷，$q=1.6\times10^{-19}$ C。

由式(5-1)可以看出耗尽区中的电子流密度占随着集电极电流密度的比例增加。当集电极电流密度增大时，漂移区电子浓度与施主原子电荷数量(N_D)相当。电场分布要考虑到施主产生的正电荷由电子的负电荷进行补偿。以基极—集电极结界面为零点，往集电区方向为 y 方向，零点处的电场强度为 $E(0)$，此时沿 y 方向电场[$E(y)$]的分布满足式(5-2)。

$$E(y) = E(0) - \frac{q}{\varepsilon_s}\left[N_D - \left(\frac{J_C}{qv_{\text{sat,n}}}\right)\right]y \tag{5-2}$$

式中，ε_s 为介电常数。

电场呈线性分布，随着集电极电流密度的增大，斜率变小。当集电极电流密度增大到某一值时，漂移区电子浓度超过了施主掺杂浓度。这时耗尽区净电荷为负，则电场分布斜率也相反，基区空穴会倒灌入集电区，即基区等效宽度变宽。

2. 电流拥堵效应

由于发射极电流 I_B 与发射结偏压 V_{BE} 之间有 $\exp(qV_{BE}/kT)$ 的关系，k 为玻尔兹曼常数，T 为温度。所以发射结偏压只要稍有差异就会造成发射极电流的巨大变化。其次由于基区往往都会很薄，从而基区电阻的截面积很小，使得基区电阻的数值非常之大，进一步放大了这种电流大小的差异。因此发射极电流的分布是距离基极越近电流就越大，距离基极较远的地方电流就会呈现出非线性的急速下降。如果发射区非常宽，发射区电流往往会流经更靠近基区接触电极的发射区，亦即发射区的外缘，这就是电流拥堵效应。该效应使得只有靠近基极接触的区域才是有效工作区，从而浪费了发射区的中心区域面积。

3. 导通电阻

在功率双极型晶体管中，集电结具有较高的阻断电压能力与导通电流能力。在基于非直接带隙半导体(如 Si 或 SiC)的 pn 结二极管中，正向导通时注入的空穴具有相对较长的少数载流子寿命，对于 Si 半导体少子寿命的典型值在$\sim10^{-6}\sim10^{-3}$ s，对于 SiC 半导体少子寿命的典型值约在 10^{-6} s，较高的少子寿命将导致正向导通时有显著的电导调制现象，该特性非常适合于大功率应用场景。与 Si 或 SiC 不同，GaN 为直接带隙半导体，在导通时将发生电子-空穴对的辐射符合并发光，同时可以有极短的少子寿命$\sim10^{-8}$ s。对于直接带隙 GaN 基 HBT 功率器件是否具有电导调制能力，是对于大功率应用场景非常重要的问题，目前尚缺乏系统的研究。

如图 5-2 所示，根据电子电流导通路径，HBT 的总电阻可分为发射区欧姆接触电阻($R_{\text{E-M}}$)、发射区体电阻(R_E)、基区体电阻(R_B)、集电区体电阻(R_C)、亚集电区垂直体电阻($R_{\text{sub}\perp}$)、亚集电区水平体电阻($R_{\text{sub}//}$)和集电区接触电阻($R_{\text{C-M}}$)七部分。受到光刻精度限

制，在准垂直器件中，由于横向尺寸较大，通常 $R_{sub//}$ 在导通电阻中所占的比重较高。因此在面向高压开关应用时，通常采用导电衬底来制备垂直器件，可大幅降低导通电阻，实现更高的 Baliga 优值。另一方面，在射频器件中，为了提高频率，通常要求器件尺寸尤其是发射区台面宽度越小越好。而面积的缩小将导致发射极电极的接触电阻增大，因此需要采用更多技术手段来降低发射极欧姆接触的比接触电阻率或增大电极接触面积。比如在 GaAs HBT 中，通常采用自对准工艺实现发射极台面的全电极覆盖。垂直 HBT 器件电阻模型如图 5-3 所示。

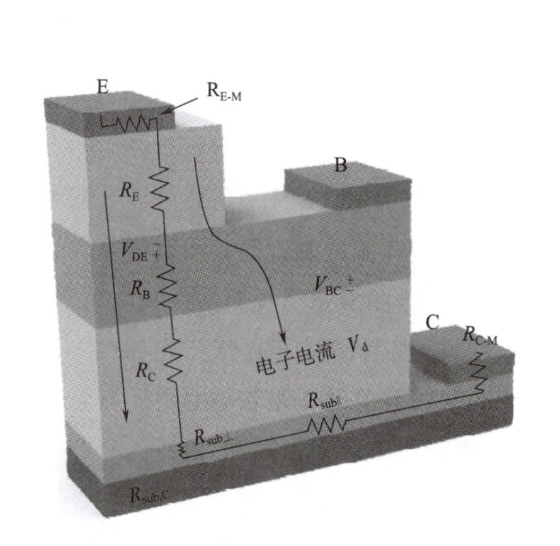

图 5-2 准垂直 HBT 器件电阻模型

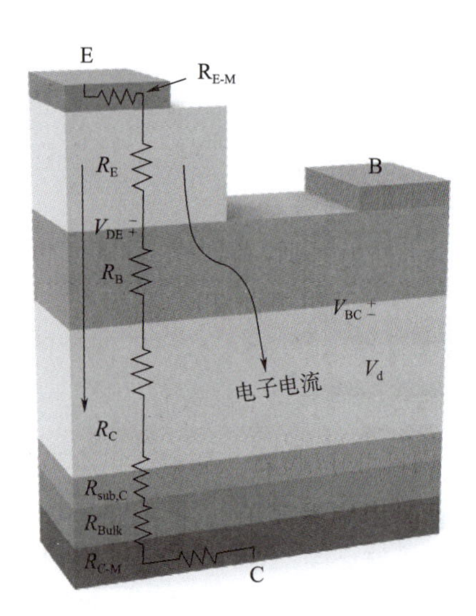

图 5-3 垂直 HBT 器件电阻模型

4. 动态特性

而垂直结构器件因其纵向传导电流的特点，较少地受到表面缺陷的影响，在开关模式下拥有更稳定的动态特性。在已有的报道中，垂直结构的 GaN SBD 器件不同开关条件下均表现出了“无电流坍塌”特性。目前研究较为广泛 GaN Fin JFET 作为具有完全垂直导电沟道的 GaN 基电力电子器件，展示出了优秀的栅极稳定性以及栅控能力，在不同的测试温度下几乎没有阈值电压的漂移，并且用于实现开关操作的 pn 结结构使其具备强的雪崩击穿能力，因此不需要相当大的过电压设计来处理浪涌能量。SiC BJT 器件已经被证明了其作为电力电子器件较低的导通损耗和较快的开关速度。而 GaN 的双极型器件的优势在可以采用选区再生长发射区的方式制备 HBT，从而避免 SiC BJT 工艺中干法刻蚀在基区表面造成的缺陷和陷阱，消除了其对动态特性的影响。然而之前的 GaN HBT 都是基于直流模式进行的测试，尚未有报道基于实验验证这一点，因此开展 HBT 器件的脉冲测试研究是非常有必要的。

5. 频率特性

异质结双极晶体管(HBT)是高频电子器件中的关键组件，因其优异的电子输运特性、高电流密度和低噪声特性而备受关注。HBT 的高频性能受到所用半导体材料的显著影响。

本节探讨了由 HBT 的高频特性，重点介绍了截止频率(f_T)、最大振荡频率(f_{max})、噪声系数及其他相关性能指标。

1. 截止频率(f_T)

截止频率(f_T)是 HBT 的重要参数，定义为电流增益降至 1 的频率。它主要由电子渡越时间(τ_{EC})决定，可以表示为

$$f_T = \frac{1}{2\pi\tau_{EC}} \tag{5-3}$$

式中，τ_{EC} 为电子从发射极到集电极的总迁移时间。迁移时间为

$$\tau_{EC} = \tau_E + \tau_B + \tau_{sc} + \tau_C \tag{5-4}$$

其中，τ_E 为发射极充放电时间；τ_B 为基极渡越时间；τ_{sc} 为 BC 结耗尽区电子渡越时间；τ_C 为集电极充放电时间。

2. 最大振荡频率(f_{max})

最大振荡频率(f_{max})是另一个重要的衡量指标，表示 HBT 的功率增益降至 1 的频率。它受基极电阻(R_B)和集电极-基极电容(C_{BC})的影响。

$$f_{max} = \frac{f_T}{2\sqrt{R_B C_{BC}}} \tag{5-5}$$

通过优化层设计和先进的制造技术，减少 R_B 和 C_{BC} 对于实现高 f_{max} 至关重要。

有几种先进技术可用于提高 HBT 的高频性能：

(1)渐变基极和发射极掺杂：渐变基极和发射极掺杂轮廓有助于减少迁移时间并改善载流子输运。例如，在 GaAs HBT 中将发射极组成从 AlGaAs 渐变到 GaAs 可以提高电子注入效率。

(2)薄基极层：使用超薄基极层可减少基极迁移时间，提高 f_T。然而，薄基极层必须仔细设计以防止过高的基极电阻并确保可靠性能。

(3)高 k 介电材料：在集电极-基极结中采用高 k 介电材料有助于减少寄生电容，从而提高 f_{max}。可以使用氧化铪(HfO_2)等材料来实现这一目标。

5.2 GaAs HBT

5.2.1 GaAs HBT 特性及应用

由于其直接带隙和高电子迁移率，砷化镓异质结双极型晶体管(GaAs HBT)以卓越的高频响应和高功率附加效率在高性能电子器件领域占据重要地位，这些特性使 GaAs HBT 能够实现高截止频率(f_T)和最大振荡频率(f_{max})。GaAs HBT 的 f_T 和 f_{max} 值通常在 200～300 GHz 的范围内，非常适合用于射频和微波电路。GaAs 中更高的电子速度导致较

短的迁移时间，从而提高了器件的整体速度。此外，GaAs 材料的高电子迁移率和良好的热稳定性赋予了 HBT 在高温环境下稳定工作的能力，同时保持了低噪声系数，使其在信号放大过程中引入的噪声极低。

GaAs HBT 的异质结构设计，特别是发射区与基区之间的能带断层，极大地提升了电流增益和工作频率。GaAs HBT 典型的异质结结构是 GaAs/AlGaAs 异质结，这是最早的 HBT 结构之一，其中 AlGaAs 用作发射区，GaAs 用作基区。这种结构利用了 AlGaAs 和 GaAs 之间的能带差异来提高电流增益和晶体管的切换速度。目前还有 GaAs/GaInP 异质结，因其在电子和工艺方面的特性而受到重视，特别是 GaInP 与 GaAs 之间的高刻蚀选择性使得能够精确定义发射区，并简化了器件加工过程。近年来还有和 InP 结合形成的 GaInAs/InP 异质结 HBT，在 InP 基 HBT 中，低带隙的 GaInAs 用作基区，与高带隙的 InP 或 AlGaAs 形成异质结，有利于 npn HBT 应用，因为其价带偏移是全砷化物系统的两倍。

GaAs HBT 技术的优势在于其能够提供高性能的射频解决方案。在无线通信和微波设备中，这些器件展现出的高效率和低噪声特性是硅基技术难以比拟的。高可靠性和长期稳定性减少了维护成本，延长了设备的使用寿命。此外，随着集成技术的发展，GaAs HBT 与硅基 CMOS 工艺的兼容性为实现更小型化和成本效益更高的单片集成系统铺平了道路。但是其劣势也不容忽视。生产成本较高是其主要劣势之一，这限制了它在成本敏感型市场的应用。热管理问题也是设计中需要重点考虑的因素，尤其是在高功率应用中，有效的散热设计对于保证器件性能至关重要。制造过程的复杂性也对产量和一致性提出了挑战，需要精确的工艺控制和高标准的生产环境。

GaAs HBT 的应用场景非常广泛，从无线通信中的功率放大器，到微波设备中的高频放大器和振荡器，再到光通信系统中的激光器驱动器和光调制器，以及汽车电子和航空航天领域的传感器和雷达系统，GaAs HBT 都发挥着关键作用。其高性能特性满足了这些领域对信号处理速度和精度的高要求。虽然面临成本和制造挑战，但随着技术的成熟和成本的降低，预计 GaAs HBT 将在更多领域得到应用，推动整个电子行业向更高速、更高效的方向发展。最近在 GaAs HBT 技术方面的进展主要集中在提高材料质量和缩小器件尺寸，以提高速度和功率效率。研究人员探索了新的外延生长技术和优化的掺杂轮廓，以优化 GaAs HBT 的性能。此外，研究人员还研究了在基区使用 InGaAs，以进一步提高电子迁移率并减少基区迁移时间，从而增强器件性能。

5.2.2 GaAs HBT 外延结构

在 GaAs HBT 中，发射极层通常由 AlGaAs 组成，这种材料的带隙比 GaAs 更宽。这种配置形成了一个异质结，这种设计利用了不同材料的带隙差异来提高电子注入效率，显著提高了电子注入效率，同时最小化了空穴注入回发射极的现象。AlGaAs/GaAs HBT 通常采用渐变或突变的发射极-基极结，以改善载流子输运。AlGaAs 中的 Al 浓度可以调节以优化带隙和电子亲和力，通常在25%～30%的范围内，以平衡性能和制造难度。

在GaAs HBT中，基极层通常由GaAs或InGaAs组成，以利用更高的电子迁移率。在基极层中引入铟(形成InGaAs)可以显著降低基极电阻并增强电子迁移率，从而提高器件的高频性能。在某些情况下，为了提高器件性能，可能会采用GaInP等材料作为基极层。

在GaAs HBT中，集电极通常采用n型GaAs材料，设计以支持高电子速度和高效载流子收集，子集电极层通常为高度掺杂的n^{+}-GaAs，以提供低电阻接触并帮助最小化器件的整体电阻。集电极和子集电极层的厚度需要精心设计，以平衡电容效应和电阻效应，并平衡击穿电压和迁移时间，通常在200～500 nm范围内，从而优化器件的高频性能和效率。在某些设计中，可能会采用如GaInP/GaAs的异质结构，以提高集电极的击穿电压并减少集电极-基极间的电容。

5.3 InP HBT

5.3.1 InP HBT特性及应用

磷化铟异质结双极型晶体管(InP HBT)以其高电子迁移率和直接带隙相结合的独特特性，具有高速度和高频的性能，广泛应用于射频和微波电路中。具体来说：InP材料具有高电子迁移率，这使得InP HBT在高频应用中表现出色，使得InP HBT在毫米波频率范围内具有优异的频率响应和增益，适合用于高速通信系统；InP HBT能够承受较高的电压，这在设计高功率放大器时非常有用，并能够在较小的尺寸内提供较高的输出功率，这对于需要小型化和高功率密度的应用非常有吸引力；InP HBT在高频下具有较高的功率增益，适合用于射频放大器；InP材料的热导性较好，有助于器件在高功率操作时的散热；InP HBT技术可以与其他半导体技术(如CMOS)集成，实现复杂的集成电路；InP HBT还表现出低噪声系数，在低噪声放大器设计中表现出色，适合用于接收器和传感器等应用。

InP HBT的f_T和f_{max}值可以达到400 GHz，使其成为毫米波及以上应用的顶级候选者，并且InP的固有特性促进了高电子速度和迁移率，促进了这些HBT在高速数字和模拟电路中的卓越性能。同时InP HBT还面临一定的问题，限制了其的应用发展，首先与GaAs(砷化镓)等其他半导体材料相比，InP材料的生产成本较高，这可能限制了其在成本敏感型应用中的使用；其次InP HBT的制造工艺相对复杂，需要精确控制生长和加工过程，这增加了制造难度和成本；最后，尽管InP具有较好的热导性，但在高功率应用中，有效的热管理仍然是一个挑战，尤其是在高密度集成时。

目前，InP HBT器件广泛应用于各种领域：在无线通信系统中，特别是在毫米波频段的基站和移动设备中，InP HBT用于实现高数据速率的传输；InP HBT在高分辨率雷达系统中用于信号放大和处理，提供高灵敏度和高分辨率；InP HBT在卫星通信系统中用于实现高频率和高功率的信号传输；InP HBT 在医疗成像设备中，如超声波成像和磁共振成像（MRI）中，用于信号放大和处理；InP HBT 在能量回收系统中用于将射频能量转换为直流电能，提高系统的整体效率；InP HBT 在太赫兹频率范围内的应用中，如太赫兹成像和光谱分析中，具有潜在的应用前景。

我们可以看到 InP HBT 器件在高频和高功率应用中具有显著的优势，但也面临着成本和工艺复杂性的挑战。随着技术的不断进步，InP HBT 在更多领域的应用潜力将被进一步挖掘。当前 InP HBT 在优化基区和集电极设计以实现更高的 f_T 和 f_{max} 值方面取得了实质性进展。使用梯度基区结构和先进的光刻技术使 InP HBT 能够缩小到亚 100 nm 的尺寸，推动了高频性能的极限。集成光子元件的研究也在进行中，以开发高速光电子器件，进一步扩大 InP HBT 的应用范围。

5.3.2 InP HBT 外延结构

InP HBT 器件通常采用 InP 作为基底材料，因其具有高电子迁移率和高电子饱和速度以及低表面复合。发射极层通常采用 InGaAs（铟镓砷）或 InP 材料，以实现较高的电子注入效率，可能包含 InAlAs 以形成高带隙发射极，从而改善电子注入。InAlAs/InP 异质结通常是渐变的，以增强载流子在结上的输运。

InP HBT 基极层通常采用 p 型材料，如 p-InGaAs 或 p-GaAs，以实现良好的空穴注入和电流增益，利用其高电子迁移率。基极层通常掺碳以实现高 p 型电导率。基极层的厚度和掺杂浓度对器件的电流增益和截止频率有显著影响，基极层的厚度需要足够薄，以减少空穴的传输时间。基极层的掺杂浓度需要优化，以实现高电流增益和低接触电阻，平衡高频性能和低噪声。典型的基极层厚度在 30～60 nm 之间，具有高掺杂浓度以降低基极电阻。

InP HBT 的集电极和子集电极层通常采用具有高电子饱和漂移速度和高击穿电压的材料，如 InP、InGaAs 或 InAlAs 等，以提高器件的功率处理能力和频率响应。一般使用 n 型 InP 作为集电极层，具有高电子迁移率和低表面复合。子集电极通常为高度掺杂的 n^+-InP，旨在减少集电极电阻和提高击穿电压，提供低电阻接触层。

5.4 GaN HBT

5.4.1 GaN HBT 特性及研究概况

作为第三代半导体的典型代表，GaN 基半导体材料具有宽带隙，且其三元合金的能带可实现 0.7～6.2 eV 范围内可调，类似 GaAs、InP，特别适合制作 HBT 器件。与 GaAs HBT 相比，GaN HBT 器件的显著优势在于其高效率、高频操作能力、高功率密度、高温稳定性和选择性注入设计。由于低导通电阻，GaN HBT 在功率电子系统中展现出高效率；其高频特性使其成为射频通信和雷达系统中的理想选择，能够提供高速数据传输；高功率密度使得 GaN HBT 能够在较小的芯片面积上处理高功率，适合紧凑的电子设计，有助于开发能够处理大功率水平的功率放大器和开关，使其成为电力电子和射频功率放大器的首选；高温稳定性使得 GaN HBT 在恶劣环境下仍能维持性能；此外通过选择性注入设计，可以进一步提高器件的性能，减少电流拥挤效应。目前的研究致力于进一步提高材料质量和器件制造技术。

美国和日本对 GaN HBT 进行了开拓性的研究。1998 年，美国制备出首个 npn 型 AlGaN/GaN/GaN HBT。但之后在 20 年的时间内，GaN HBT 器件发展缓慢。p 型基区电阻较高是限制 GaN 基 HBT 器件性能的主要原因之一。p 型 GaN 中镁(Mg)激活能大、易被氢钝化，导致激活效率低，空穴浓度低，是基区电阻高的根本原因。干法刻蚀在 p 型外部基区表面造成大量氮空位，形成表面态反转，无法实现欧姆接触进一步增加了基区电阻。为了降低 p 型基区电阻，2001 年，日本电报电话公司(NTT)首次提出 p-InGaN 基区，制备出 npn 型 GaN/InGaN/GaN 双异质结 HBT(DHBT)。佐治亚理工学院则对 npn 型 GaN/InGaN/GaN DHBT 开展了一系列更为细致的研究。针对 p-InGaN 基区，通过优化外延材料的生长条件，使空穴浓度达到 $2\times1\ 018\ cm^{-3}$，采用渐变异质结设计，缓解成膜应力并显著降低基区 V 坑密度。采用湿法表面损伤修补技术，可改善基区欧姆接触，同时降低表面复合电流。尽管如此，基区依然无法实现欧姆接触，目前所公开报道的性能最好的 GaN 基射频 HBT，虽然功率密度超过 300 kW/cm^2，但截止频率仅 8 GHz，最高振荡频率 1.8 GHz，器件性能距离实用仍有巨大差距。中国科学院半导体研究所开发了金属有机化合物化学气相沉积(MOCVD)外延 n 型发射区的技术路线，成功在蓝宝石衬底上制备出 AlGaN/GaN HBT 器件，电流密度超过 100 kA/cm^2，功率密度超过 1 MW/cm^2，器件截止频率超过 20 GHz，最大振荡频率超过 5 GHz。该器件性能不仅处于国际最高水平，也预示着 GaN HBT 器件面向实际应用推进了一大步，已具备实际应用价值。

GaN HBT 器件的应用场景广泛，涵盖了射频功率放大器、汽车毫米波雷达、电力电子转换器、航空航天系统。在无线通信基站和卫星通信中，GaN HBT 能够提供高效率和高功率输出，使其成为射频功率放大器的理想选择。汽车毫米波雷达系统通过利用 GaN HBT 的高频率和高功率特性，能够提高雷达的分辨率和检测范围。在太阳能逆变器和电动汽车充电器等电力电子转换器中，GaN HBT 有助于实现高效率的能量转换。此外，GaN HBT 的高温稳定性和高可靠性使其在航空航天领域中具有应用潜力。GaN HBT 的高功率和高频特性使其适用于雷达和通信系统。

随着技术的不断发展，GaN HBT 器件在这些领域的应用潜力将进一步被挖掘，预计它们将在未来的电子设备中发挥更加关键的作用。目前 GaN HBT 的研究在解决材料缺陷和提高器件可靠性方面取得了重大进展。金属有机化学气相沉积(MOCVD)和分子束外延(MBE)技术的进步提高了 GaN 薄膜的晶体质量。场板结构和优化钝化层的发展有助于提高 GaN HBT 的击穿电压和热稳定性。这些进展对于 GaN HBT 在高功率和高频应用中的广泛采用至关重要。

5.4.2 GaN HBT 外延结构

目前 GaN HBT 外延结构主要包括 GaN/InGaN 结构和 AlGaN/GaN 结构。p-InGaN 具有比 p-GaN 更低的电阻率，是最理想的基区材料。但是 InGaN 材料晶体质量较差，易出现 V 坑等缺陷。另外 InGaN 材料的高温稳定性较差，在后续发射区外延过程中易出现 In 原子偏析扩散，造成发射极-基极结界面质量下降，器件注入效率降低。GaN 基区是更为可靠的材料选择，但是镁(Mg)作为 p 型掺杂剂在 GaN 中的激活能较高，这导致空穴浓度较低，基区电阻过高。因此目前 GaN/InGaN 基 HBT 和 AlGaN/GaN 基 HBT 尚无明显的优势区分度。

集电极外延设计也很重要，尤其是厚度和掺杂浓度的设计需要平衡电容效应和电阻效应。降低寄生电容、电阻是提高频率性能的关键。在射频 HBT 器件中，电容主要为基射结电容和基集结电容。电阻主要为各外延层(内部/外部)电阻、各外延层之间的接触电阻以及金属/半导体接触电阻。器件的寄生电容和电阻之间存在负相关的关系，如增加外延层的掺杂浓度可以减低电阻，但同时会减小耗尽区的厚度，增加结电容，不能通过优化单一条件改善器件性能。但对于高压 HBT 器件，集电区通常要 1 μm 以上的厚度。比如对于 1 200 V 及以上电压等级的 GaN 功率器件，漂移区厚度通常大于 10 μm，是导通电阻的主要组成部分。减小 n^- 集电区厚度或提高掺杂浓度可降低电阻，但同时会降低击穿电压，集电区的设计必须综合平衡击穿电压和导通电阻两个因素。

5.5 GaAs、GaN、InP HBT 的比较分析

GaAs HBT 利用宽带隙发射极和高基区掺杂浓度，通过带隙工程和外延生长技术，实现了优越的材料特性，由于其高击穿电压，GaAs HBT 适合高功率应用；同时目前 GaAs HBT 的工艺相对成熟，已经广泛应用于 RF 功率放大器；GaAs 也有较高的 f_T 和 f_{max}，虽然不如 SiGe 和 InP HBT 高，但仍然适合许多 RF 应用。但是与 SiGe 技术相比，GaAs HBT 生产成本可能更高。同时集成难度更大，与 CMOS 技术的集成不如 SiGe HBT 容易。

GaN HBT 器件更加适合高功率设计，能够在较小的芯片面积上处理高功率，适用于紧凑的电子设计，并且由于低导通电阻，GaN HBT 在功率电子系统中具有高效率。GaN 材料凭借其带隙较宽，可以在高温环境下维持性能，适合恶劣环境的应用。但是 p 型 GaN 材料的生长具有很大的挑战性，需要低电阻率和高掺杂浓度，是目前的一大难点。

InP 基 HBT 因其优越的材料特性和高速度性能而受到关注，其具有极高的 f_T 和 f_{max}，InP 基 HBT 提供了极高的过渡频率和最大振荡频率，适合超高速 RF 和微波应用，甚至 InP HBT 可以用于太赫兹频段的设备，这是其他技术难以达到的。但是 InP HBT 面临成本问

题,InP 基 HBT 的生产成本较高,这可能限制了其广泛应用。而且其材料较脆,器件的击穿电压较低,需要通过设计改进来解决,例如设计双异质结双极型晶体管(DHBT)来提高。同时 InP HBT 在技术成熟度和与 CMOS 技术的集成方面可能存在挑战。

总体来说,基于 GaAs 的 HBT 适合于高功率应用,因为它们具有高击穿电压;SiGe 基 HBT 因其低噪声系数而适用于低噪声应用;如果非常高的数据速率是首要考虑因素,则选择 InP 基 HBT,因为 InP 基 HBT 晶体管具有优越的材料特性,可以进行太赫兹频率操作;而 GaN HBT 在功率处理能力方面具有优势,也可以在高温等恶劣场景下应用;GaSb HBT 在新兴技术中显示出潜力。这些材料系统的持续研究和开发将推动高速和高频半导体器件的发展,实现未来的新应用和技术。

参考文献

[1] DUPUIS R D, KIM J, LEE Y C, et al. Ⅲ-N High-power bipolar transistors[J]. ECS Transactions, 2013, 58(4):261-267.

[2] MAKIMOTO T, KUMAKURA K, KOBAYASHI N. High current gains obtained by InGaN/GaN double heterojunction bipolar transistors with p-InGaN base[J]. Applied Physics Letters, 2001, 79(3):380-381.

[3] CHUNG T, LIMB J, YOO D, et al. Device operation of InGaN heterojunction bipolar transistors with a graded emitter-base design[J]. Applied Physics Letters, 2006, 88(18):183501.

[4] CHUNG T, LIMB J, RYOU J H, et al. Growth of InGaN HBTs by MOCVD[J]. Journal of Electronic Materials, 2006, 35(4):695-700.

[5] SHEN S C, LEE Y C, KIM H J, et al. Surface leakage in GaN/InGaN double heterojunction Bipolar Transistors[J]. IEEE Electron Device Letters, 2009, 30(11):1119-1121.

[6] XING H, CHAVARKAR P M, KELLER S, et al. Very high voltage operation (>330 V) with high current gain of AlGaN/GaN HBTs[J]. IEEE Electron Device Letters, 2003, 24(3):141-143.

[7] MAKIMOTO T, KUMAKURA K, KOBAYASHI N. Extrinsic base regrowth of p-InGaN for npn-Type GaN/InGaN heterojunction bipolar transistors[J]. Japanese Journal of Applied Physics, 2004, 43(4S):1922.

[8] LEE Y C, ZHANG Y, KIM H J, et al. High-current-gain direct-Growth GaN/InGaN double heterojunction bipolar transistors[J]. IEEE Transactions on Electron Devices, 2010, 57(11):2964-2969.

[9] CHU-KUNG B F, WU C H, WALTER G, et al. Modulation of high current gain (β>49) light-emitting InGaN/GaN heterojunction bipolar transistors[J]. Applied Physics Letters, 2007, 91(23):232114.

[10] SHEN S C, DUPUIS R D, LEE Y C, et al. GaN/InGaN heterojunction bipolar transistors with f_T > 5GHz[J]. IEEE Electron Device Letters, 2011, 32(8):1065-1067.

[11] LEE Y C, ZHANG Y, LOCHNER Z M, et al. GaN/InGaN heterojunction bipolar transistors with ultra-high d. c. power density (>3 MW/cm^2)[J]. physica status solidi (a), 2012, 209(3):497-500.

[12] POLYAKOV A Y, SMIRNOV N B, PEARTON S J, et al. Fermi level dependence of hydrogen diffusivity in GaN[J]. Applied Physics Letters, 2001, 79(12):1834-1836.

[13] LIMPIJUMNONG S, WALLE C G. Stability, diffusivity and vibrational properties of monatomic and molecular hydrogen in wurtzite GaN[J]. Physical Review B, 2003, 68(23):235203.

[14] NARITA T, TOMITA K, YAMADA S, et al. Quantitative investigation of the lateral diffusion of hydrogen in p-type GaN layers having NPN structures[J]. Applied Physics Express, 2018, 12(1):011006.

[15] LI W, NOMOTO K, LEE K, et al. Activation of buried p-GaN in MOCVD-regrown vertical structures[J]. Applied Physics Letters, 2018, 113(6):062105.

[16] KOBLMÜLLER G, CHU R M, RAMAN A, et al. High-temperature molecular beam epitaxial growth of AlGaN/GaN on GaN templates with reduced interface impurity levels[J]. Journal of Applied Physics, 2010, 107(4):043527.

[17] WONG Y Y, HUANG W C, TRINH H D, et al. Effect of Nitridation on the Regrowth Interface of AlGaN/GaN Structures Grown by Molecular Beam Epitaxy on GaN Templates[J]. Journal of Electronic Materials, 2012, 41(8):2139-2144.

[18] ARABHAVI A M, CIABATTINI F, HAMZELOUI S, et al. InP/GaAsSb Double Heterojunction Bipolar Transistor Emitter-Fin Technology With $f_{max}=1.2$ THz[J]. IEEE Transactions on Electron Devices, 2022, 69(4):2122-2129.

[19] HEINEMANN B, RÜCKER H, BARTH R, et al. SiGe HBT with f_T/f_{max} of 505 GHz/720 GHz[C]//2016 IEEE International Electron Devices Meeting (IEDM), 2016.

第6章 高电子迁移率晶体管

6.1 高电子迁移率晶体管概述

6.1.1 工作原理

高电子迁移率晶体管(HEMT)器件的源极和漏极金属都与二维电子气(2DEG)形成欧姆接触,下方的金属叠层从上到下依次是势垒层、沟道层和衬底,偏向于沟道层一侧会产生2DEG,在栅极下方源极与漏极之间的导电沟道层完成电流的传导。当栅极电压(V_{GS})为0时,若器件的沟道层中存在2DEG,即为耗尽型(D-mode)也就是常开型器件;反之,若通过各种方法先耗尽导电沟道层中的2DEG,只有在栅极电压(V_{GS})大于阈值电压(V_{TH})时才存在2DEG的器件,被称为增强型(E-mode)也就是常关型器件。栅极电压(V_{GS})通过形成纵向电场来控制沟道层中的2DEG浓度,以控制输出电流(I_{DS}),源漏电压(V_{DS})通过形成横向电场,令2DEG沿异质结界面输运形成输出电流(I_{DS})。

HEMT器件有三种工作状态:当栅极电压(V_{GS})小于阈值电压(V_{TH})时,沟道中的2DEG被耗尽,器件工作在截止区,此时源漏之间无电流,即I_{DS}为0;当栅极电压(V_{GS})大于阈值电压(V_{TH})时,且漏极电压(V_{DS})较小时,沟道中横向电场强度(E)小于临界电场强度,此时器件工作在线性区,由于漏致势垒降低效应,栅极电压(V_{GS})和漏极电压(V_{DS})共同调控漏极电流(I_{DS})。当漏极电压(V_{DS})较大时,沟道中横向电场强度(E)超过了临界电场强度,此时器件工作在饱和区,此时沟道中电子漂移速度达到饱和,漏极电压(V_{DS})不再调控漏极电流(I_{DS})。

跨导是用来衡量栅极电压(V_{GS})的变化在漏极电流(I_{DS})上的改变量,反映了栅极电压对二维电子气(2DEG)调控能力的强弱,直接影响着器件的频率特性,是衡量微波和毫米波应用时的重要器件指标。根据沟道长度的不同可将器件分为长沟道器件和短沟道器件。对于长沟道的HEMT器件,器件工作在饱和区时的本征跨导(g_m^*)和考虑到寄生电阻的实测跨导(g_m)为

$$g_m^* = \frac{w\varepsilon_1 \mu V_{GT}}{dL} \tag{6-1}$$

$$g_m = \frac{w\varepsilon_1 \mu V_{GT}}{dL + R_s w\varepsilon_1 \mu V_{GT}} \tag{6-2}$$

式中，w 为栅极宽度；ε_1 为势垒层材料的介电常数；d 为势垒层厚度；L 为栅极长度；R_s 为寄生电阻；μ 为 2DEG 迁移率；V_{GT} 为栅极电压与阈值电压之差。

对于短沟道的 HEMT 器件，器件工作在饱和区时的本征跨导（g_m^*）和考虑到寄生电阻的实测跨导（g_m）为

$$g_m^* = \frac{w\varepsilon_1 \mu E_s}{d} \tag{6-3}$$

$$g_m = \frac{w\varepsilon_1 \mu E_s}{d + R_s w\varepsilon_1 \mu E_s} \tag{6-4}$$

式中，E_s 为沟道的电场强度。

因此由式(6-4)可以得到，通过增加栅极宽度（w）、减小势垒层厚度（d）、减小栅极长度（L）、减小寄生电阻（R_s）、提高 2DEG 迁移率（μ）等方法都可以有效提高 HEMT 器件的跨导。

6.1.2 HEMT 器件设计与制备

高电子迁移率晶体管（HEMT）源漏极通常采用高导电性金属，如金（Au）、镍（Ni）、钛（Ti）、铬（Cr）和锗（Ge），通过电子束蒸发、溅射或化学气相沉积等技术在半导体表面形成金属层。在某些设计中，高掺杂的 InGaAs 或 GaAs 作为源/漏区域，或者以重掺杂的 n^+-GaN 作为源/漏区域，通过离子注入或扩散工艺形成，或者再生长工艺，以实现低阻抗的欧姆接触。

在制造过程中，首先利用电子束光刻或光学光刻技术定义源极和漏极的位置，然后在这些位置上使用湿法化学蚀刻或干法蚀刻技术形成凹槽。随后，通过电子束蒸发等技术在凹槽中沉积金属层。对于需要合金化的接触，如 Au、Ge、Ni，还需进行高温合金化过程以确保金属与半导体的良好结合。

此外，为了减少寄生电阻和电容，提高器件的高频性能，可能需要对源极和漏极的尺寸、形状和金属层的组成进行优化。在金属沉积和合金化之后，通常会进行退火处理，以修复制造过程中可能引入的晶体缺陷，并优化欧姆接触的特性。最后，为了防止金属层与环境反应，减少表面态的影响，会在源极和漏极上施加钝化层，如 SiN 或 SiO_2。

源极和漏极的接触电阻通过传输线模型（TLM）或其他测试结构进行测量，以确保它们满足器件性能的要求。通过这些精细的工艺步骤，可以实现具有卓越直流和射频特性的 HEMT 器件，这些特性使它们非常适合用于低噪声、中等功率的毫米波应用，如通信系统、雷达和成像技术。

高电子迁移率晶体管（HEMT）栅极的设计过程涉及多个关键步骤，首先是选择合适的栅极材料。通常，栅极由多层金属组成，例如钛（Ti）、铂（Pt）、金（Au）和镍（Ni），这些材料不

仅具有高导电性，还能确保栅极与半导体之间的良好黏附性。

栅极长度是决定 HEMT 截止频率的关键因素，可以通过电子束光刻或光学光刻技术精确定义。超短栅极，可以通过先进的光刻技术实现。此外，栅极的形状设计，例如 T 型或叉指型栅极，可以增加栅极与沟道区域的接触面积，从而提高晶体管的跨导。

在栅极金属化之前，需要在半导体上形成栅极凹槽，这通常通过湿法化学蚀刻或干法蚀刻技术完成。栅极凹槽形成后，通过电子束蒸发或其他沉积技术填充金属层，确保栅极的均匀性和完整性。在某些设计中，栅极上方可能会添加一个薄的氧化层，以提高器件的可靠性和性能。

为了最小化栅极与源/漏极之间的寄生电容，可以采用自对准技术，这种技术允许栅极金属化层在源/漏接触形成之后沉积。此外，通过优化栅极金属层的厚度和材料组合，可以降低栅极电阻，从而提高器件的高频性能。

在设计过程中，还会使用 TCAD 软件进行仿真，预测栅极设计以及整个器件结构的直流和射频性能。这种模拟对于理解不同设计参数对器件性能的影响至关重要。

最终，栅极的设计需要综合考虑材料选择、长度定义、形状设计、凹槽形成、金属化、氧化层添加、自对准技术和电阻优化等多个方面。

减小栅极长度是提升 HEMT 器件频率特性的重要手段，不仅能提升器件的跨导，还能显著降低栅极寄生电容提升开关频率。从最初亚微米级别的栅长缩短到百纳米栅长，再到如今最小几十纳米的栅极长度，更小的栅极长度对于制备工艺提出了更高的要求。但同时栅长缩短会导致栅极的导电截面缩小，使得栅极寄生电阻的增大，不利于最大振荡频率(f_{max})的提升，例如在一些方栅结构中，通常具有很高的 f_T，但是 f_{max} 值要远低于 f_T 值。

因此，目前的主流技术方案是使用 T 栅结构，其截面形状呈现上宽下窄的 T 形状，T 型栅下部的栅足很短，有效栅极长度很短，从而可以提高器件的截止频率；而上部的栅帽很宽，可以降低栅极的寄生电阻。T 型栅结构兼顾了较低的栅极寄生电容和较低的栅极寄生电阻。在 HEMT 器件制备过程中，通常采用电子束光刻和多层胶的方法制作 T 型栅，采用不同灵敏度的电子束光刻胶在曝光后显影出不同的宽度实现 T 型栅的形态，常见的光刻胶方案为底层胶为灵敏度最低的 PMMA，保证较小的栅足，胶厚即为栅杆的高度，中层胶选择 MMA 和 MA 的共聚物，具有较高的灵敏度，保证了较宽的栅帽，上层胶选择灵敏度较高的 PMMA，用以形成形态更完美的栅帽，保证整体的灵敏度和 T 栅的稳定性，确保剥离工艺的顺利。

根据平行板电容器的计算公式，金属之间介质的介电常数越小，其电容值越小，而空气是介电常数最低的物质，相对介电常数约等于 1，远低于其他介质材料，例如 SiO_2(≈ 4)、SiN_x(≈ 11.8)等，可以数倍降低栅极寄生电容。因此 T 型栅栅帽下方最好是浮空的，也就是所说的浮空栅工艺，这对于 T 型栅的机械强度提出了更高的要求，这也大大增加了 T 型栅制备的工艺难度。为了解决浮空 T 型栅的稳定性问题，许多研究也提出了解决方案，例如在栅极和势垒层中间放置有间距的 SiN 介质层来支撑、使用 π 型栅足结构、采用自支撑的浮空 T 栅制备工艺等方案，都取得了较好的结果，可以在尽量较少降低 HEMT 器件频率特性的同时，大大提高了 T 型栅极制备的良率。

6.1.3 HEMT 的直流与射频特性

在长沟道器件中由于沟道电场强度较弱，载流子的漂移速度很难达到饱和，而在短沟道器件中沟道长度的减小使得电场强度增加，载流子被电场加速达到速度饱和，此时以饱和速度进行漂移运动。

对于长沟道器件，饱和输出电流（$I_{DS,sat}$）可表示为

$$I_{DS,sat}=qw\mu/L\int_{V_{GS}-V_{DS,sat}}^{V_{GS}} n_{2D}\ \mu \mathrm{d}\mu \tag{6-5}$$

式中，L 和 w 分别为栅长和栅宽；μ 为载流子迁移率；$V_{DS,sat}$ 为饱和输出电流对应的漏极电压；n_{2D} 为 2DEG 密度；q 为电子电荷。

对于短沟道器件，饱和输出电流可表示为

$$I_{DS,sat}=(qV_{sat}/V_{DS,sat})[n_{2D}V_{GS}-n_{2D}(V_{GS}-V_{DS,sat})] \tag{6-6}$$

饱和区的跨导为

$$G_{m}=\left(\frac{\partial I_{DS}}{\partial V_{GS}}\right)\mid V_{DS} \tag{6-7}$$

从上面各式可以看出，器件的输出电流和跨导特性主要取决于栅长 L、栅宽 w、载流子浓度（n_{2D}）和载流子迁移率（μ）。可通过适当的缩短栅长（需考虑栅长缩短的情况下漏致势垒降低以及短沟道效应），增大栅宽（需考虑器件占用芯片面积）来提高器件特性，这是从器件设计版图角度出发。另一方面从工艺角度，通过优化工艺条件等提高工艺质量，从本质上提升器件的沟道载流子迁移率和密度，提高器件在室温下的直流输出、转移和电流崩塌等特性，并提升其在高温等恶劣环境中应用的潜力。

对于射频器件来说，电流增益截止频率（f_T）和最高振荡频率（f_{max}）是两个非常重要的参数，它们反映了器件的理想射频工作性能，包括带宽、增益等。电流增益截止频率又称特征频率，指的是晶体管的短路微分电流增益降为 1 时的工作频率，是衡量晶体管高速性能的重要指标。由于器件的寄生效应不可避免，考虑到器件的实际情况，电流增益截止频率 f_T 的表达式为

$$f_T=\frac{g_m^*}{2\pi\left[(C_{GS}+C_{GD})\left(1+\dfrac{R_S+R_D}{R_{DS}}\right)+C_{GD}g_m^*(R_S+R_D)\right]} \tag{6-8}$$

式中，C_{GS}、C_{GD} 为栅源寄生电阻和栅漏寄生电容；R_S、R_D 为源极接入电阻和漏极接触电阻；R_{DS} 为源漏之间电阻。由式（6-8）可以得到，减小栅极长度 L、减小源极和漏极的接触电阻 R_S 和 R_D 以及提高本征跨导 g_m^* 可以提高器件的电流增益截止频率 f_T。

最高振荡频率又称功率增益截止频率，指的是晶体管的最大功率增益降为 1 时的工作

频率,表征了器件能提供功率增益时的最大频率。最高振荡频率 f_{max} 的表达式为

$$f_{max}=\frac{f_T}{2\sqrt{\frac{R_G+R_S+R_i}{R_{DS}}}+2\pi f_T R_G C_{GD}} \tag{6-9}$$

式中,R_G 为栅极寄生电阻;R_i 为器件的输入电阻。由式(6-9)可以得到,提高器件的特征频率 f_T、减小栅极寄生电阻 R_G、减小栅漏寄生电容 C_{GD}、降低源极接触电阻 R_S 可以提高器件的最高振荡频率 f_{max}。

而 f_T 和 f_{max} 等射频参数一般是通过矢量网络分析仪测试的 S 参数计算得到的。如图6-1所示,在射频测试中,HEMT 器件通常被视为一个二端口网络 DUT,其中 a_1 为端口1的输入信号,a_2 为端口2的输入信号,b_1 为端口1的输出信号,b_2 为端口2的输出信号。

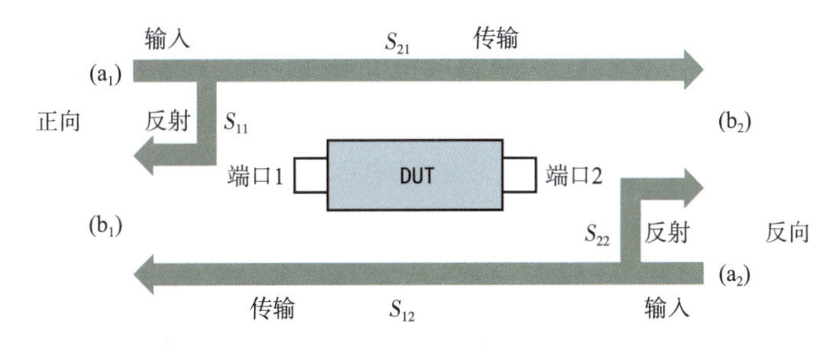

图6-1 HEMT 器件二端口网络示意图

在测试过程中会产生四种 S 参数,包括 S_{11}、S_{12}、S_{21} 和 S_{22},其中 S_{11} 和 S_{22} 为反射系数,S_{12} 和 S_{21} 为传输系数,四种 S 参数的定义为

$$S_{11}=\frac{\text{反射信号}}{\text{入射信号}}=\frac{b_1}{a_1}\left|a_2=0\right. \tag{6-10}$$

$$S_{12}=\frac{\text{传输信号}}{\text{入射信号}}=\frac{b_1}{a_2}\left|a_1=0\right. \tag{6-11}$$

$$S_{21}=\frac{\text{传输信号}}{\text{入射信号}}=\frac{b_2}{a_1}\left|a_2=0\right. \tag{6-12}$$

$$S_{22}=\frac{\text{反射信号}}{\text{入射信号}}=\frac{b_2}{a_2}\left|a_1=0\right. \tag{6-13}$$

S 参数是基于信号电压比值定义的参数,具体的含义是指:S_{11} 是当被测件输出端接匹配负载时,输入端的反射系数;S_{12} 是当被测件输入端接匹配负载时,器件端口2到端口1的传输系数;S_{21} 是当被测件输出端接匹配负载时,器件端口1到端口2的传输系数,S_{22} 是当被测件输入端接匹配负载时,输出端的反射系数。上文提到,f_T 和 f_{max} 是通过 S 参数计算得到的,其中 f_T 是电流增益(h_{21})降低为1时所对应的频率;f_{max} 是单向功率增益(UPG)为1时所对应的频率。h_{21} 和 UPG 的计算公式为

$$h_{21}=20\lg\left[\frac{-2S_{21}}{(1-S_{11})(1+S_{22})+S_{12}S_{21}}\right] \tag{6-14}$$

$$UPG=10\lg\left[|S_{21}|^2\left(\frac{1}{1-|S_{11}|^2}\right)\left(\frac{1}{1-|S_{22}|^2}\right)\right] \tag{6-15}$$

6.2 GaAs HEMT

6.2.1 GaAs HEMT 简述

GaAs/$Al_xGa_{1-x}As$ 材料是发展最早、应用最广、研究最多的材料体系，GaAs HEMT 是 20 世纪 80 年代发展起来的，基于调制掺杂而建立的一种新型器件。在异质结窄带隙半导体材料一侧不掺杂，而在宽带隙半导体材料一侧掺杂施主杂质，这样施主杂质电离产生电子和带正电荷的施主电离杂质中心。在 HEMT 中 n 型掺杂的宽带隙半导体材料的费米能级靠近导带，而窄带隙半导体材料的费米能级基本在禁带的中间位置，由于异质结两侧材料的费米能级位置不同，电子将从费米能级相对较高的宽带隙材料一侧转移到较低的窄带隙材料一侧，使沟道 中的电子和施主电离杂质空间分离，在沟道内形成二维电子气。由于能带的限制使得电子只能在平行于异质结方向上自由运动。2DEG 具有许多引人注目的特点，其电子迁移率 μ 远高于体材料的电子迁移率。通过在掺杂层和沟道之间生长非掺杂隔离层，使 2DEG 与施主电离杂质中心进一步空间分离，减少了电离杂质散射的影响，进一步提高了迁移率。低温下，电离杂质散射的影响减小，2DEG 的电子输运特性更为优越。

GaAs HEMT 以其卓越的高频性能和高电子迁移率而著称。这些器件能够实现高截止频率，适合微波和毫米波频段的应用，同时具备低噪声特性，非常适合低噪声放大器和接收机。GaAs HEMT 还具有高增益特点，在射频应用中表现出色，并且随着技术的进步，它们的尺寸越来越小，有助于提高集成电路的集成度。

GaAs HEMT 的优势在于其相较于传统硅基 FET 更出色的高频性能，这使得它们在高速通信系统中得到了广泛应用。它们还具备处理较高功率的能力，适用于功率放大器，并且在高温和恶劣环境下展现出更好的可靠性和稳定性。此外，由于 GaAs 工艺的成熟，其生产成本相对较低，这有利于大规模生产和降低成本。

然而，GaAs HEMT 也存在一些劣势。与硅基技术相比，GaAs 基技术的材料和制造成本较高。在高功率运行时，这些器件可能需要更有效的热管理解决方案。此外，尽管 GaAs HEMT 可以小型化，但在进一步缩小器件尺寸时，由于缺乏 8 英寸以上的衬底而无法使用先进的工艺设备，这限制了它们的进一步发展。

6.2.2 GaAs HEMT 的外延层设计

GaAs HEMT 的外延层设计是实现高性能器件制造的关键步骤，它涉及材料组合、层次结构和生长条件的精确优化。设计方式主要包括异质结构的采用,如 InGaAs/InAlAs, InGaAs/InAs/InGaAs, AlGaAs/GaAs, InGaAs/AlGaAs/GaAs 等结构。利用不同带隙材料的组合来创建高迁移率的 2DEG。此外,缓冲层的使用,如线性或阶梯分级的缓冲层,有助于缓解晶格失配,提高晶体质量。掺杂控制通过精确控制掺杂水平来优化载流子浓度和迁移率,而栅极设计,尤其是采用先进光刻技术实现的纳米级栅极定义,对器件性能有着显著影响。分子束外延(MBE)技术允许精确控制外延层的生长,实现原子级别的厚度和成分控制,而表面钝化则通过使用钝化层如 SiN 或 SiO_2 来减少表面态,提高器件的可靠性。

在 GaAs HEMT 的外延层设计中,设计难点主要集中于晶格匹配、掺杂均匀性、热管理、制造精度和材料特性的优化。晶格匹配问题涉及在不同材料之间实现晶格常数的匹配,这在外延生长过程中尤为关键,尤其是在使用具有不同晶格常数的材料时。掺杂均匀性则要求在纳米尺度上实现均匀的掺杂分布,以防止器件性能出现不均匀。随着器件尺寸的不断缩小,热管理成为设计中的一个重要问题,需要有效控制热量的产生和散失。制造精度方面,需要在亚微米和纳米尺度上实现栅极和源漏极的高精度定义和对齐。最后,材料特性的理解和优化也是至关重要的,包括迁移率、饱和速度和电子亲和势等电子特性的优化,以确保器件性能的最优化。这些设计难点的克服对于制造高性能的 GaAs HEMT 器件至关重要。

6.2.3 GaAs HEMT 的应用和未来发展

GaAs HEMT 的应用场景非常广泛,包括无线通信、雷达系统、卫星通信、医疗成像以及科研仪器。在无线通信中,它们被用于射频放大器和前端模块。在航空领域的高分辨率雷达中,它们用于发射和接收模块。在卫星通信系统中,它们用于信号放大和频率转换。在医疗领域,如超声波成像,它们用于信号处理。而在科研领域,它们则用于高速信号处理和数据采集系统。这些应用展示了 GaAs HEMT 技术在现代电子设备中的重要性和多功能性。

GaAs 器件行业的技术发展与创新,主要体现在材料纯度提升,晶圆尺寸扩大以及先进制造工艺的应用等方面。随着材料纯度提升,杂质对器件性能的影响被显著降低,显著增强器件的稳定性和可靠性,延长器件使用寿命,使得 GaAs 器件在高温、高频、高功率等极端环境下仍能保持稳定的性能,从而满足日益增长的市场需求。在晶圆尺寸方面,随着制造技术的不断进步,从传统的较小规格向大尺寸过渡。大尺寸晶圆可有效提高生产效率,降低单位面积的生产成本,有利于 GaAs 器件的大规模普及,进一步提升市场竞争力。在制造工艺方面,分子束外延和化学气相沉积等陷阱技术的引入也有利于精确控制材料的生长过程,先进制备工艺的优化也有利于提升 GaAs 器件的性能,包括更高的工作频率、更低的噪声系数以及更优的线性度等性能指标,使得 GaAs 器件在无线通信、卫星导航、雷达探测等领域的应用更加广泛和深入。

从 5G 通信市场的崛起、新能源汽车与汽车电子化的快速发展、物联网与智能设备的普及应用，到航空航天领域的稳定增长，GaAs 器件市场需求呈现多元化，持续增长的发展趋势，为 GaAs 器件行业带来了巨大的机遇，也对其技术创新和市场拓展提出了新的挑战和要求。

6.3 InP HEMT

6.3.1 InP HEMT 简述

InP HEMT 是一种基于磷化铟(InP)的高性能半导体器件，它通过利用 InGaAs/InAlAs 异质结构，实现了比传统硅器件更高的电子迁移率。这种结构赋予了 InP HEMT 在高频应用中的卓越性能，能够工作在数百兆赫兹的频率范围内，非常适合毫米波和亚毫米波技术领域。此外，InP HEMT 还展现出了低噪声特性和高功率增益，使其在低噪声放大器和功率放大器设计中备受青睐。随着技术的不断进步，InP HEMT 的栅极长度已经能够缩小至纳米级别，这为实现更小型化的电路设计提供了可能。

InP HEMT 的优势在于其高性能，这使得它们成为高速通信和高频应用的理想选择。它们的高迁移率特性还带来了低功耗的好处，尤其是在高频操作时。此外，InP HEMT 技术具有良好的可扩展性，能够适应未来通信技术对更高频段的需求。在某些应用场景中，InP HEMT 已经显示出了优异的可靠性和稳定性。

然而，InP HEMT 也存在一些劣势。制造成本相对较高，特别是与基于硅的器件相比，这可能限制了其在成本敏感型应用中的广泛采用。制造工艺的复杂性也是一个挑战，因为它需要精确控制生长条件和工艺步骤。在高频操作时，InP HEMT 可能会产生较多的热量，因此需要有效的热管理策略来保持器件的性能和可靠性。此外，InP HEMT 对辐射的敏感性可能限制了其在某些极端环境下的应用。

6.3.2 InP HEMT 的外延层设计

InP HEMT 的外延层设计方式包括采用 InGaAs/InAlAs 异质结构，通过在 InP 基底上生长不同带隙的半导体材料形成高电子迁移率通道；形成多量子阱结构以增加电子约束力和提高迁移率；使用应变层技术如 InGaAs/InAlAs 提升迁移率和截止频率；以及在异质界面附近引入 δ 掺杂层，提供稳定的载流子浓度并优化电学特性。

设计过程中的难点包括精确控制外延层的厚度和成分比例，确保器件的性能和可靠性；应变管理，以避免对晶体管性能和寿命的负面影响；在纳米尺度下实现高均匀性掺杂的挑战；以及在热预算限制下完成外延层生长，避免对器件其他部分造成损害。

未来设计方向将探索新材料集成，如 InAs 或 InSb，以进一步提高电子迁移率和器件性能；随着器件尺寸缩小，需要在纳米尺度上优化外延层设计，实现更高的频率和更低功耗；发展新的应变平衡技术减少应力影响；利用自对准技术提高外延层的精确度和重复性；以及发展三维集成技术，通过垂直堆叠外延层增加器件功能性和集成度。随着分子束外延（MBE）和化学气相沉积（CVD）等制造技术的进步，InP HEMT 的外延层设计和生长将变得更加精确和可控，这将推动 InP HEMT 技术向着提高性能、降低成本和适应更广泛应用的方向发展。

6.3.3 InP HEMT 的应用和未来发展

InP HEMT 的应用场景非常广泛，包括微波和毫米波通信系统中的低噪声放大器和功率放大器。在航空领域，它们被用于高性能雷达系统的接收器和发射器。由于其低噪声特性，InP HEMT 也在射电天文观测中发挥着重要作用，用于接收微弱的宇宙信号。在量子计算领域，InP HEMT 用于读取微波量子比特，而在生物医学成像领域，它们则被应用于高分辨率成像技术，如超声波成像。此外，InP HEMT 技术还被用于开发高速数字集成电路，如数据转换器和逻辑门。

6.4 GaN HEMT

6.4.1 GaN HEMT 简述

GaN HEMT 因其在高频、高效率和高温稳定性方面的卓越性能，展现出在多个技术领域中的巨大潜力。GaN HEMT 的主要特点包括宽带隙半导体特性，允许其在高电压、高频率和高温条件下稳定运行；高电子迁移率，使得在较低电压下实现高电流密度成为可能；高功率密度，适合高功率输出应用；以及高击穿电压，使其能在高电压环境下安全工作。

GaN HEMT 的性能优势在多个方面得到体现。首先，其高频性能出色，得益于高电子饱和速度和高击穿电场，使其在高频应用中表现卓越。其次，GaN HEMT 具有高效率，这归功于其低导通电阻和高击穿电压，特别适合于开关和放大应用。此外，GaN HEMT 的耐高温能力使其适用于恶劣环境，而其较小的尺寸有助于实现系统的小型化，这对于提升便携性和集成度至关重要。

尽管 GaN HEMT 具有显著的性能优势，但它也面临一些挑战。成本问题是主要考虑因素之一，特别是当使用如半绝缘 SiC 等基底材料时，制造成本相对较高。技术成熟度方面，尽管发展迅速，GaN HEMT 与市场上更为成熟的硅和砷化镓技术相比仍有差距。此外，长期可靠性问题，尤其是在高电压和高温条件下的稳定性，仍是 GaN HEMT 需要克服的关键问题。

6.4.2 GaN HEMT 的极化特性

GaN 基化合物半导体材料又称为Ⅲ-Ⅴ族材料，是由第三主族元素例如 Al，Ga 与第五主族的 N 元素组成的化合物，一般有纤锌矿结构、闪锌矿结构和岩盐矿结构三种晶体结构，纤锌矿结构属于六方晶系，是热力学更稳定的结构，闪锌矿结构属于面心立方堆积，属于亚稳态结构，有一定的晶格失配和晶格缺陷，岩盐矿结构只存在于极高的压强下，一般不能自然存在，因此用于 GaN HEMT 射频器件使用的 GaN 材料都是纤锌矿结构 GaN。

而在纤锌矿结构的 GaN 材料中，六方晶系中存在一个极轴（c 轴），一般认为材料的生长方向为[0001]，当沿[0001]晶向的排列方式为 N 原子面在下，Ga 原子面在上，则 GaN 材料为 Ga 极性面材料，反之 GaN 材料为 N 极性面材料，两种极性面的材料具有不同的物理化学性质。Ga 极性面的 GaN 材料一般使用 MOCVD 方法生长，N 极性面的 GaN 材料一般使用 MBE 方法生长，而目前应用更加广泛的是 Ga 极性面材料。

在 Ga 极性面 GaN 晶格中，由于 Ga 原子和 N 原子电负性差距较大，六方晶系下每个 Ga 原子与四个 N 原子组成的四面体不是正四面体结构，因此晶格内的正负电荷中心不重合，产生了很强的极化效应。此时，自上而下的极化矢量 P_1 大于自下而上的极化矢量 P_2，导致整个材料中存在一个自上而下、与材料生长方向[0001]相反的自发极化 $P_{sp}=P_1-P_2$，这种由于自身材料特性产生的极化效应称为自发极化效应。

另外当 GaN 基材料受到来自外界的双轴应力时，还会产生压电极化效应。此时，晶格在力的作用下产生形变，正负电荷的中心发生偏移，使半导体中产生附加电场。当外延材料受到双轴张应力时，晶格中 Ga 的阳离子与下面的 N 原子之间的键角 θ 变大，这使得 Ga 的阳离子与下面的 N 原子之间的合极化矢量 P_2 变小，导致了整个晶格极化矢量 $P_1>P_2$，在材料中产生一个与材料生长方向相反[000-1]的压电极化；而当材料受到双轴压应力时，上述的 θ 角变小，使得合极化矢量 P_2 增大，此时极化矢量 $P_1<P_2$，材料中产生一个与材料生长方向相同[0001]的压电极化。自发极化强度和压电极化强度的和共同组成了 GaN 基材料中的总极化强度。

GaN HEMT 器件中的二维电子气（2DEG）正是来源于自发极化和压电极化效应。例如在 AlGaN/GaN 异质结构中，GaN 缓冲层较厚一般认为处于完全弛豫状态，其压电极化效应可以忽略，只有自发极化效应；而 AlGaN 层厚度很薄，完全共格生长在 GaN 上面，则 AlGaN 内部同时具有自发极化和压电极化效应。由于 AlN 的晶格常数小于 GaN 的晶格常数，AlGaN 受到平面双轴张应力的作用，发生平面双轴张应变，形成的压电极化的方向与自发极化方向相同，在异质结界面和表面将产生密度极高的正极化电荷。为了保持界面整体电中性，会在异质结界面带隙较窄的 GaN 一侧感应出大量电子，来补偿界面上的正极化电荷。这些自由电子被高浓度的极化正电荷吸引在异质结附近，形成窄而深的量子阱，电子被限制在量子阱中，从而在界面处形成浓度极高的 2DEG。GaN HEMT 器件正是依赖 2DEG 的导通而工作的，2DEG 沟道的高导电能力和 GaN 材料的高耐压能力是 GaN HEMT 器件在微波功率器件领域应用的基础。因此 2DEG 关乎着 GaN HEMT 器件的性能，我们通过设计更合理的异质结结构，使用更好的外延生长工艺来产生高迁移率、高密度的 2DEG。

6.4.3 GaN HEMT的外延层设计

GaN HEMT的外延层设计涵盖了材料选择、生长技术、掺杂水平等多个方面。在设计方式上，由于缺乏合适的GaN基底，通常采用异质外延技术在如蓝宝石、SiC等兼容基底上生长GaN层。为了减少晶格失配带来的应力，生长主层之前会先沉积一个低温度的缓冲层。通过精确控制不同组分的AlGaN和GaN层的厚度，形成多量子阱结构，优化电子迁移率和密度。此外，通过调整n型掺杂水平，控制AlGaN层中的电子气密度，进而影响器件的性能。

然而，设计过程中存在一些难点，例如晶格失配可能导致晶体缺陷，影响器件的性能和可靠性。GaN和AlGaN的极化效应会在异质结构中产生内建电场，影响电子气的分布和迁移率。表面态和陷阱的存在可能导致电流崩塌现象，影响器件的稳定性和可靠性。同时，高质量外延层的制造成本较高，尤其是在使用半绝缘SiC等基底材料时。

面对这些挑战，未来的设计方向包括提高晶体质量，通过优化生长条件和采用新型缓冲层技术减少晶体缺陷。极化效应管理，通过设计新型结构或使用应变补偿技术来优化电子气的形成。界面工程，通过改善异质界面的质量，减少界面态和陷阱。新型材料集成，探索使用新型二维材料或宽禁带半导体材料，如Ga_2O_3或金刚石，作为缓冲层或基底。成本效益的制造技术，开发新的制造技术，降低生产成本，促进GaN HEMT的商业化应用。

6.4.4 GaN HEMT的应用和未来发展

由于GaN材料具有出色的电气特性，GaN HEMT在多个行业中得到了广泛应用。特别是在5G基站、汽车电子、航空航天等领域，GaN HEMT凭借其高效率、高功率密度和低损耗的优异性能，成为这些领域的“最佳人选”。相比传统的硅基功率器件，GaN HEMT在更高频率、更高电压和更大功率下依然能够保持较低的开关损耗和热损耗，使得它在节能和提高系统性能方面具有显著优势。

在5G基站电源解决方案中，GaN HEMT的高频特性和高功率密度尤为突出。5G基站对电源的要求极为苛刻，需同时满足高效率、高可靠性、低延迟和紧凑设计的需求。GaN HEMT凭借其优秀的开关速度和热稳定性，能够有效提升电源转换效率，同时减少空间占用，为5G基站提供更高效、更加稳定的电力供应。尤其是在高功率、高频率的通信系统中，GaN HEMT能够支持更高的输出功率和更宽的工作频带，满足5G通信网络对性能的严格要求。

此外，在汽车电子领域，GaN HEMT同样展现出了巨大的应用潜力。随着电动汽车和自动驾驶技术的快速发展，对汽车电子系统的功率管理和能效要求愈加严格。GaN HEMT能够显著提高电池充电、电动驱动系统和智能电控系统的性能和效率。其较低的导通电阻和较高的开关频率，使得汽车电子能够在更小的体积和重量下实现更高的功率转换效率，延长电池续航，提升系统响应速度和可靠性。同时，GaN HEMT 在高温、高湿、高辐照等恶劣环境下的稳定性，使其在汽车应用中表现出了优越的耐用性，推动了更先进、更高效的汽车发展。

GaN HEMT 射频器件还在航空航天领域的应用展现了其卓越的性能，尤其是在高功率、高频率和高可靠性要求的环境下。GaN HEMT 射频器件因其高功率密度和高效率，成为雷达系统的关键组成部分。GaN 器件能够在较小的体积内提供更高的输出功率，使得雷达系统在远程探测、高精度跟踪及抗干扰方面具备显著优势。特别是在相控阵雷达中，GaN HEMT 可用于驱动大功率放大器，显著提高雷达信号的功率和信号质量，增强雷达系统的探测能力和抗电子干扰能力。在电子战中，GaN HEMT 被广泛应用于信号干扰和反干扰系统。GaN 器件的高功率和高频特性使其能够发射更强、更宽频带的干扰信号，破坏对方的通信和雷达系统。此外，GaN HEMT 在高效能、高动态范围和快速响应方面的优势，使其能在复杂的电磁环境中提供精确的信号处理能力，提高电子战设备的生存能力和攻击效果。

在航空航天通信中，尤其是在卫星通信、飞行器通信及空中交通管理系统中，GaN 器件具有高增益和高功率特性，能够在宽频带内保持良好的性能，支持远程、稳定的信号传输。无论是在低地轨道卫星还是高空飞行器通信中，GaN HEMT 射频器件都能确保信号的清晰传递和抗干扰能力，这对于确保航空航天任务的成功至关重要。在卫星通信和导航系统中，GaN HEMT 的高频性能和抗辐射特性使其在恶劣环境下依然能够保持稳定工作。GaN 射频放大器可以提高信号的功率和传输稳定性，保证卫星通信的高效性和低延迟。尤其在卫星系统中，GaN 器件能够支持大带宽和高速数据传输，确保指挥与控制系统的高效运行。GaN 材料具备优秀的高温和高辐射耐受性，这使其特别适用于航天器中经常遇到的极端环境。GaN HEMT 射频器件能够在高辐射、高温等条件下保持稳定运行，是航空航天任务中不可或缺的可靠组件。

总之，GaN HEMT 凭借其出色的电气性能和热稳定性，已经成为多个高科技领域不可或缺的核心器件，推动了多个行业向更高效、更节能的方向发展。随着技术的不断进步，GaN HEMT 的应用潜力将进一步释放，带来更多创新和突破。

参考文献

[1] KHAN M, BHATTARAI A, KUZNIA J N, et al. High electron mobility transistor based on a GaN-$Al_xGa_{1-x}N$ heterojunction[J]. Applied Physics Letters, 1993, 63(9):1214-1215.

[2] SHINOHARA K, REGAN D, MILOSAVLJEVIC I, et al. Electron velocity enhancement in laterally scaled GaN DH-HEMTs with f_T of 260 GHz[J]. IEEE Electron Device Letters, 2011.

[3] SHINOHARA K, REGAN D C, TANG Y, et al. Scaling of GaN HEMTs and schottky diodes for submillimeter-wave MMIC applications[J]. IEEE Transactions on Electron Devices, 2013, 60(10): 2982-2996.

[4] TANG Y, SHINOHARA K, REGAN D, et al. Ultrahigh-speed GaN high-electron-mobility transistors with f_T/f_{max} of 454/444 GHz[J]. IEEE Electron Device Letters, 2015, 36(6):549-551.

[5] MOON J S, WONG J, GRABAR B, et al. 360 GHz f_{max} graded-channel AlGaN/GaN HEMTs for mmW low-noise applications[J]. IEEE Electron Device Letters, 2020, 41(8):1173-1176.

[6] HIGASHIWAKI M, MIMURA T, MATSUI T. AlGaN/GaN heterostructure field-effect transistors on 4H-SiC substrates with current-gain cutoff frequency of 190 GHz[J]. Applied Physics Express, 2008, 1(2):021103.

[7] OSTERMAIER C, POZZOVIVO G, CARLIN J F, et al. Ultrathin InAlN/AlN barrier HEMT with high performance in normally off operation[J]. IEEE Electron Device Letters, 2009, 30(10):1030-1032.

[8] YUE Y, HU Z, GUO J, et al. InAlN/AlN/GaN HEMTs With regrown ohmic contacts and f_T of 370 GHz[J]. IEEE Electron Device Letters, 2012, 33(7):988-990.

[9] WANG R, LI G, KARBASIAN G, et al. Quaternary barrier InAlGaN HEMTs with f_T/f_{max} of 230/300 GHz[J]. IEEE Electron Device Letters, 2013, 34(3):378-380.

[10] LECOURT F, AGBOTON A, KETTENISS N, et al. Power performance at 40 GHz on quaternary barrier InAlGaN/GaN HEMT[J]. IEEE Electron Device Letters, 2013, 34(8):978-980.

[11] SONG B, RODRIGUEZ B, WANG R, et al. Effect of fringing capacitances on the RF performance of GaN HEMTs with T-gates[J]. IEEE Transactions on Electron Devices, 2014, 61(3):747-754.

[12] LI L, NOMOTO K, PAN M, et al. GaN HEMTs on Si with regrown contacts and cutoff/maximum oscillation frequencies of 250/204 GHz[J]. IEEE Electron Device Letters, 2020, 41(5):689-692.

[13] ZHU G, ZHANG K, KONG Y, et al. Quaternary InAlGaN barrier high-electron-mobility transistors with f_{max}> 400 GHz[J]. Applied Physics Express, 2017, 10(11):114101.

[14] DAI S, ZHOU Y, ZHONG Y, et al. high f_T AlGa(In)N/GaN HEMTs grown on Si with a low gate leakage and a high ON/OFF current ratio[J]. IEEE Electron Device Letters, 2018, 39(4):576-579.

[15] FU X C, LV Y, ZHANG L J, et al. High-frequency InAlN/GaN HFET with f_{max} over 400 GHz[J]. Electronics Letters, 2018, 54(12):783-785.

[16] WU S, MI M, ZHANG M, et al. A high RF performance AlGaN/GaN HEMT with ultrathin barrier and stressor In situ SiN[J]. IEEE Transactions on Electron Devices, 2021, 68(11):5553-5558.

[17] WANG P F, MI M H, ZHANG M, et al. Demonstration of 16 THz V Johnson's figure-of-merit and 36 THz V fmax · VBK in ultrathin barrier AlGaN/GaN HEMTs with slant-field-plate T-gates[J]. Applied Physics Letters, 2022, 120(10):102-103.

[18] DU H, HAO L, LIU Z, et al. High-Al-composition AlGaN/GaN MISHEMT on Si with f_T of 320 GHz[J]. Science China Information Sciences, 2024, 67(6):169402.

[19] WANG D F, SHI W F, Lu C, et al. Low-resistance Ti/Al/Ti/Au multilayer ohmic contact to n-GaN[J]. Journal of Applied Physics, 2001, 89(11):6214-6217.

[20] OBLOH H, BACHEM K H, KAUFMANN U, et al. Self-compensation in Mg doped p-type GaN grown by MOCVD[J]. Journal of Crystal Growth, 1998, 195(1):270-273.

[21] CHANG T H P. Proximity effect in electron-beam lithography[J]. Journal of Vacuum Science and Technology, 1975, 12(6):1271-1275.

[22] BROERS A N. Resolution limits of PMMA resist for exposure with 50 kV electrons[J]. Journal of The Electrochemical Society, 1981, 128(1):166-170.

[23] CHEN W, AHMED H. Fabrication of 5～7 nm wide etched lines in silicon using 100 keV electron-beam lithography and polymethylmethacrylate resist[J]. Applied Physics Letters, 1993, 62(13): 1499-1501.

[24] OCOLA L E, STEIN A. Effect of cold development on improvement in electron-beam nanopatterning resolution and line roughness[J]. Journal of Vacuum Science & Technology B: Microelectronics and Nanometer Structures Processing, Measurement, and Phenomena, 2006, 24(6):3061-3065.

[25] ZENG F, AN J X, ZHOU G, et al. A Comprehensive Review of Recent Progress on GaN High Electron Mobility Transistors: Devices, Fabrication and Reliability[J]. Electronics, 2018, 7(12):377.

[26] EASTMAN L F, MISHRA U K. The toughest transistor yet (GaN transistors)[J]. IEEE Spectrum, 2002, 39(5):28-33.

[27] HUSSAIN T, MICOVIC M, TSEN T, et al. GaN HFET digital circuit technology for harsh environments[J]. Electronics Letters, 2003, 39(24):1708-1709.

[28] DONG J J, ZHEN C Y, HAO H Y, et al. Highly ordered ZnO nanostructure arrays: Preparation and light-emitting diode application[J]. Japanese Journal of Applied Physics, 2014, 53(5):055201.

第7章 射频集成电路

7.1 射频集成电路概述

在现代半导体科技的广阔领域中，镓体系半导体材料占据了极其重要的地位。这一体系包括了多种化合物半导体，如氮化镓（GaN）、氧化镓（Ga_2O_3）、磷化镓（GaP）、砷化镓（GaAs）、铟镓砷（InGaAs）、硒化镓（GaSe）和锑化镓（GaSb）等。这些材料因其独特的物理和化学特性，在光电子、微电子以及功率电子等多个领域展现出了巨大的潜力和价值。镓体系半导体材料的主要优势在于它们能够实现高光电转换效率和卓越的电子输运性能。这些材料的带隙宽度覆盖了从紫外到可见光、红外、太赫兹频段，直至毫米波和微波的整个电磁波谱。这使得它们在光电子信息产业中扮演着不可或缺的角色，尤其是在光电感知和传输技术方面。

在镓体系半导体材料中，氮化镓（GaN）和砷化镓（GaAs）由于其较早的研究起步和较为成熟的发展，已经成为集成电路领域中的重要组成部分。这些材料制备的器件不仅在性能上有着显著的优势，而且在实际应用中也表现出了极高的可靠性和稳定性。例如，GaN 因其高电子饱和速度和高电子迁移率，非常适合用于高频、高功率的电子器件，如 5G 通信中的功率放大器。而 GaAs 则因其在高频、高速领域的优异表现，被广泛应用于射频前端模块、光电子器件以及高速数字电路中。除了 GaN 和 GaAs，铟镓砷（InGaAs）也是一种重要的镓体系材料。InGaAs 具有非常低的噪声特性，使其成为低噪声放大器（LNA）和高速光电探测器的理想材料。此外，InGaAs 还可以与 GaAs 结合形成异质结构，进一步提升器件的性能。在镓基集成电路中，InP 基器件也占据了重要位置。这些器件通常以 InP 为衬底，以 GaAs 为外延结构，这样的结构设计极大地提高了器件的频率特性，甚至达到了太赫兹波段，使得 InP 基器件在高频通信和光电子领域有着广泛的应用前景。

镓体系半导体材料及其制备的器件在现代电子产业中扮演着越来越重要的角色。随着摩尔定律逐渐接近物理极限，镓基集成电路的出现为集成电路技术的发展提供了新的方向和可能性，在后摩尔时代，集成电路的创新不再仅仅依赖于晶体管尺寸的缩小，而是更多地依赖于新材料、新结构和新工艺的开发。镓基集成电路的加入，为实现更高性能、更低功耗和更低成本的电子系统提供了新的解决方案。

7.2 功率放大器(PA)

7.2.1 概述

射频功率放大器(RF PA)是无线发射机中不可或缺的关键组件,在现代通信系统中扮演着至关重要的角色。其主要功能是在特定的工作频段内高效地接收调制振荡电路产生的微弱射频信号,并将其转换为高功率的射频信号,以便能够通过发射天线有效地辐射到空间中。在发射机的信号传输路径中,初始的射频信号通常功率较低,需要经过多级放大:先是放大缓冲级,然后是中间放大级,最终通过末级功率放大级,以获得足够的射频功率,进而能够馈送到天线并进行有效辐射。

射频功率放大器的核心作用是将直流电源的能量转换为射频功率,这一过程对于无线通信系统来说至关重要,因为它确保了射频信号能够在无线环境中从发射机传输到接收机。随着技术的发展,功率放大器在商业领域发挥着重要作用,包括雷达、卫星通信地面站、无线通信基站以及电磁干扰设备等。功率放大器的性能直接关系到无线通信系统的有效性和可靠性,因此在设计和应用中对其效率、输出功率、线性度和带宽等参数有着严格的要求。

7.2.2 功率放大器的性能指标

在功率放大器的设计中,主要的性能指标包括:功率增益、输出功率、效率、线性度、带宽和输入输出驻波比。

(1)功率增益:功率增益即为输出功率减去输入功率,增益用 G 来表示。功率放大器因其高增益特性,在增强微弱微波信号方面发挥着重要作用。与传统的低增益放大器相比,使用单一的高增益功率放大器模块可以显著提升信号的输出功率。这种方法避免了将多个低增益放大器串联使用所带来的复杂性和效率损失。高增益功率放大器的应用,简化了系统设计,减少了信号在多级放大过程中可能遭受的损失,同时也提高了整体的能效和性能。因此,在需要放大微弱信号的通信和雷达系统中,高增益功率放大器是提高信号传输效率、确保信号覆盖范围的关键技术选择。

$$G=10\lg\frac{P_{out}}{P_{in}} \text{或} G=P_{out}-P_{in} \tag{7-1}$$

式中,P_{out} 为输出功率;P_{in} 为输入功率。

(2)输出功率(P_{out}):功率放大器最重要的另一个指标是输出功率,是指在特定频率范围,在 50 Ω 负载上所获得的输出功率与输出电压(V_{out})、输出电流(I_{out}^*)之间的关系为

$$P_{out}=\frac{1}{2}R_e V_{out}\cdot I_{out}^* \tag{7-2}$$

式中，R_e 为等效电阻。

为了实现高输出功率，关键在于提升放大器的输出电压和电流幅度，同时尽量减小它们之间的相位差。在功率放大器的设计中，通常采用最佳负载阻抗匹配技术，以确保输出功率的最大化。在业界，功率水平通常以分贝毫瓦(dBm)为单位来度量，其中 1 mW 的功率等同于 0 dBm。功率的度量遵循对数规则，即当实际功率翻倍时，其在 dBm 表示下的数值增加 3 dB。例如，2 mW 的功率对应于 3 dBm，4 mW 则对应于 6 dBm。这种度量方式不仅便于描述功率的相对变化，也使得在高功率级别下更精确地表达功率的微小差异成为可能。通过这种方式，设计者可以更精确地控制和优化功率放大器的性能，以满足不同应用场景对输出功率的具体要求。

(3)效率：微波功率放大器的核心功能是将直流电源提供的电能转换为微波信号的能量。在这一能量转换过程中，效率是一个关键的性能指标，直接反映了转换装置的性能优劣。高效率的放大器在能量转换过程中的损耗较小，这意味着它们在传输相同功率的微波信号时，对直流电源能量的需求更低。换句话说，效率的提升直接减少了系统在能量转换过程中的热损耗和其他形式的能量损失，从而降低了对电源功率的需求。这不仅提高了能源的利用效率，还有助于减少系统的运行成本，并可能减轻散热系统的负担。因此，微波功率放大器的效率优化是设计高性能通信和雷达系统时的重要考虑因素。

对于效率的定义分为两种，首先是集电极效率，也叫作漏极效率(η)，即射频输出功率(P_{out})与电源提供的直流功率(P_{dc})的比值为

$$\eta=\frac{P_{out}}{P_{dc}} \tag{7-3}$$

另一种为功率附加效率(η_{PAE})，定义为输出功率(P_{out})与输入功率(P_{in})的差值与电源提供的直流功率(P_{dc})的比值为

$$\eta_{PAE}=\frac{P_{out}-P_{in}}{P_{dc}} \tag{7-4}$$

(4)线性度：对于功率放大器的考察主要有两个指标，第一个是 1 dB 压缩点：功率放大器在接收输入信号时，起初输出功率与输入功率成正比，表现为线性增长。然而，当输入功率达到一定阈值时，这种线性关系将不再成立，放大器的增益将开始出现压缩现象。随着输入功率的进一步增加，输出功率的增长速率减缓，直至最终达到饱和状态，此时增益的下降开始变得明显。1 dB 压缩点是功率放大器性能评估中的一个重要参数，它指的是输出功率与增益开始压缩 1 dB 时对应的输出功率值，记为 $P_{out,1dB}$。这个参数对于确定放大器在不失真情况下的最大输出功率具有重要意义；三阶互调失真是衡量功率放大器非线性特性的一个关键指标，在理想情况下，放大器的输出应仅包含输入信号的一阶谐波。但实际上，由于放大器的非线性，还会产生额外的三阶谐波分量。这些三阶互调项(IM3)与输入信号的幅度成立方关系，即在对数坐标系中，IM3 与基波的斜率之比为 3∶1。随着输入信号幅度的

增加,IM3 的影响变得更加显著,可能会对基波信号产生较大的干扰。三阶交调点是一阶输出响应与三阶输出响应曲线的交点,它用来评估放大器在实际工作条件下,特别是在大信号输入时,受到三阶互调失真影响的程度。通过分析三阶互调点,可以预测放大器在复杂信号环境下的性能表现,对于设计高性能的通信系统至关重要。

(5)带宽:当放大电路电压增益频率响应特性为最大值下降了 3 dB 时,对应的频率宽度为放大器的通频带,即带宽(BW)$BW=f_H-f_L$。式中,f_H 和 f_L 分别为信号的最高和最低频率。

(6)输入输出驻波比(VSWR):其表征的是在系统要求的阻抗下,功率放大器的输入和输出端口的阻抗匹配程度。表达式为

$$\mathrm{VSWR}=\frac{1+|\Gamma|}{1-|\Gamma|} \tag{7-5}$$

式中,$\Gamma=\dfrac{Z-Z_0}{Z+Z_0}$。其中,$Z$ 为负载阻抗,Z_0 为源阻抗。

7.2.3 功率放大器的设计

在设计功率放大器方案时,输出功率、增益和效率是必须综合考虑的关键性能指标。目前,主要的设计方案包括单级功率放大、多级功率放大和功率合成等方法。

首先,单级功率放大方案利用单个功率放大晶体管来实现所需的功率和增益。这种方案的优点在于结构简单,易于实现,主要由输入匹配网络、晶体管本身以及输出匹配网络构成。设计中单级功率放大器的关键在于精确建立输入和输出的匹配网络。输出功率和效率的表现与输出阻抗网络的建立密切相关,通常采用负载牵引(Load-Pull)仿真方法来优化这一过程。Load-Pull 方法通过在特定频率下改变晶体管的负载条件,并逐步增加输入功率,以确定最大功率输出对应的负载。通过这种方法,可以扫描并确定最大功率点,形成等功率曲线,其中心位置即为最大功率输出点,对应的阻抗即为晶体管的最佳负载阻抗。

其次,多级功率放大方案适用于需要较大功率增益而单级放大器无法满足的情况。设计多级功率放大器时,通常从最后一级开始,根据所需的输出功率选择适当的晶体管尺寸,并设计输出匹配网络,确保晶体管在最佳负载阻抗下工作,以实现最大功率输出。完成最后一级的设计后,再向前逐级设计输入匹配网络,并根据设计要求对输出功率和效率进行优化。

最后,功率合成技术用于在需要超过单一放大器输出能力的情况下增加输出功率。当最后一级放大器无法单独提供足够的输出功率时,可以在最后一级采用功率合成技术。常用的功率合成技术包括使用功率合成器和分配器,它们具有互易性。在功率分配应用中,合成端口作为功率输入源,而其他端口则接收分配后的功率信号。相反,在功率合成应用中,多个输入端口接收不同功率的信号,最终在合成端口得到合并后的总功率。

功率放大器的整体设计思路是：设计功率放大器一般包括设计输入/输出匹配网络、晶体管放大电路、直流偏置和阻抗变换网络，设计后还需要考虑电路的稳定性，并对阻抗匹配网络、偏置电路等各项参量进行仿真和优化。具体过程就是：先明确设计指标，明确设计方案和放大的级数，选择合适的晶体管，根据晶体管的一般工作条件，选择合适的直流偏置点，确定电路的工作类型，根据对于线性度或者效率的要求来选择，进行稳定性分析，确保在需求的频段晶体管保持稳定，如果不能稳定还需在电路的合适位置加入电阻或电容等元件，随后进行阻抗匹配，先输出后输入后进行仿真，最后在版图级进行电磁仿真，完成功率放大器的设计。

7.2.4　镓基器件应用于功率放大器

在目前已有的应用中，GaAs 功率放大器的设计和实现主要基于 GaAs 材料的赝晶高电子迁移率晶体管（pHEMT）技术。GaAs pHEMT 器件因其出色的高频响应和低噪声特性，在射频功率放大领域显示出显著的优势。在已有的 PA 设计中，GaAs pHEMT 采用了多种微米级别的先进工艺技术，包括 0.15 μm、0.1 μm 和 0.25 μm 工艺，这些技术使得器件能够在更高频段下工作，同时保持较低的噪声水平。此外，功率放大器的结构设计也相当关键，涵盖了从单级到多级放大器的不同配置，以及 Doherty 和 Class-J 等创新的功率放大器架构。这些设计策略旨在全面提升放大器的性能，特别是在效率、线性和输出功率这些关键指标上。通过采用这些高级 GaAs pHEMT 技术和精心设计的功率放大器架构，可以实现在宽带宽、高效率和高输出功率下的优秀射频放大性能，满足现代无线通信系统对高性能功率放大器的需求。

GaAs pHEMT 器件在功率放大器（PA）中的应用带来了多方面的优势，主要得益于其高电子迁移率和低内部电容特性，这些特性使得 GaAs pHEMT 在高频应用中表现卓越，特别适合 Ka 波段及以上的射频应用。功率放大器的高功率附加效率（PAE）是 GaAs pHEMT 技术的显著优势之一，尤其是在采用 Class-J 架构时，通过二次谐波技术进一步提升了放大器的效率。此外，这些功率放大器能够覆盖宽广的频率范围，例如 2～18 GHz，使得单个放大器能够适应多种通信标准和频率带宽的需求。GaAs pHEMT 技术还允许实现高输出功率，同时保持合理的尺寸和效率，这对于需要高数据传输速率的应用场景极为关键。为了改善线性度，降低失真和信号泄露，GaAs pHEMT 功率放大器常采用数字预失真（DPD）等技术。最后，这些功率放大器的紧凑芯片尺寸对于移动通信和便携式设备等对集成度要求高的应用场景具有重要价值。

与此同时，GaN HEMT（高电子迁移率晶体管）器件，以其卓越的电子迁移率和宽禁带特性，在功率放大器（PA）领域扮演着举足轻重的角色，并展现出巨大的应用潜力。这些器件能够提供比传统硅基技术更高的输出功率和效率，尤其适合 5G 毫米波等高功率通信系统。它们展现出的高频性能，包括高截止频率和最大振荡频率，使它们在毫米波段无线通信中非常有用。GaN HEMT 器件的小尺寸特性有助于实现更紧凑的电路设计，减小功率放大器体积，对移动设备和便携式系统尤为重要。同时，这些器件在提供高功率输出时还能保持低功耗和高能效，对延长电池寿命和降低系统运行成本至关重要。

GaN HEMT 器件的高可靠性和鲁棒性使它们能在恶劣工作条件下稳定运行，符合高可靠性要求的应用场景。随着 300 mm GaN-on-Si 技术的发展，生产成本的降低使它们在大规模生产和商业应用中更具竞争力。此外，GaN HEMT 器件与 CMOS 技术的兼容性为开发集成度更高、功能更丰富的射频前端模块提供了可能。这些器件在 5G 通信、雷达系统、卫星通信等需要高频率、高功率和高效率的无线通信系统中具有广泛的应用潜力。技术进步，如采用高 k 介质材料和增强型操作，不断提升 GaN HEMT 器件的性能，扩展了它们在功率放大器和其他射频应用中的应用范围。随着市场对高速数据传输和宽带通信需求的增长，GaN HEMT 器件在满足这些需求方面发挥着越来越重要的作用，预示着它们在未来无线通信技术发展中将具有巨大的应用潜力。

而在 InP PA 的设计过程中，主要采用的是 InP HBT 器件，而主要采用的工艺制程都是 250 nm，这种工艺允许制造出适用于高频应用的高性能器件。在目前关于 InP HBT PA 的研究中，有关 PA 的设计采用了多种结构和技术，旨在实现宽带宽、高增益、高效率和高输出功率。关键的设计方法包括变压器基础的宽带匹配和功率合成，这使得放大器能在保持紧凑尺寸的同时实现宽带宽操作，这些合成器在实现高功率输出的同时保持了低插入损耗。第二谐波控制和波形工程也是提升效率的重要技术，优化集电极电压和电流波形，从而提高功率放大器的效率。多级放大器设计也是重要的设计方法，通过多个增益级和功率合成技术扩展放大器的带宽和输出功率。差分放大器配置也在一些研究中有所体现，这有助于提高放大器的线性度和功率合成效率。为了提高线性度，有些研究还采用一种自适应偏置增强技术，通过调整偏置电压优化放大器的 AM-PM 和 AM-AM 响应。高频稳定性设计也是重要部分，通过适当的匹配网络和偏置设计来确保放大器在整个操作频率范围内的稳定性。这些技术的结合使得文献中的功率放大器设计能够在高频应用中提供卓越的性能，满足现代无线通信系统对高性能射频功率放大的需求。

InP HBT 器件在功率放大器中的应用展现了多方面的优势，主要得益于其高电子迁移率和卓越的高频特性，使其成为毫米波段功率放大的理想选择。这些器件不仅能够在高达 220 GHz 甚至更高频率下稳定工作，满足 5G 通信、雷达和成像系统对高频信号放大的严格要求，而且还能在这些高频应用中提供高功率附加效率（PAE）。例如，在已有的一些研究中，InP HBT 放大器在 52 GHz 频率下就有大约为 40% 的峰值 PAE，而且甚至在高达 220 GHz 频率下也能实现 10% 的 PAE，凸显了 InP HBT 技术在效率方面的显著优势。此外，InP HBT 功率放大器能够覆盖宽广的频率范围，例如 42～62 GHz，还有 110～190 GHz，这使得单个放大器能够适应多种通信标准和频率带宽的需求。在输出功率方面，InP HBT 技术同样表现出色，能够实现高输出功率，同时保持合理的尺寸和效率，这对于需要高数据传输速率的应用场景至关重要。InP HBT 功率放大器的另一个显著优点是其良好的线性特性。通过采用数字预失真(DPD)等技术,这些放大器能够改善线性度,有效降低失真和信号泄露。

7.2.5 镓基功率放大器的未来

镓基器件因其在高频操作、高效率、宽带宽和高输出功率方面的优势,已成为实现高性能射频功率放大器的理想选择。这些技术在现代无线通信系统、卫星通信、雷达和成像系统中发挥着至关重要的作用。随着技术的不断进步,这些镓基器件的设计和实现将继续推动射频前端性能的提升。GaAs pHEMT 和 InP HBT 技术特别适用于高频应用,它们在 5G、毫米波和太赫兹频段展现出卓越的性能。这些器件的高频特性、高效率和宽带宽使它们在高性能射频功率放大器中不可或缺。同时,GaN HEMT 器件因其在功率密度和效率方面的潜力而受到关注,尽管它们在热管理、成本、可靠性、设计复杂性以及与 CMOS 技术的集成方面面临挑战。

展望未来,镓基功率放大器预计将支持更高的工作频率,拓宽在毫米波和太赫兹频段的应用。器件和电路设计的创新将实现更高的功率密度,满足未来通信系统的需求。能效优化也是持续关注的重点,尤其是对于移动和便携式设备。智能化和自适应设计将提升功率放大器的系统性能和用户体验。最终,镓基功率放大器的集成化和系统化将实现更完整的射频前端解决方案,减少对外部组件的依赖。尽管存在技术挑战,但通过不断的技术创新和解决方案的实施,镓基器件在功率放大器应用中的潜力巨大,预计将在未来无线通信技术的发展中实现更广泛的应用和市场渗透。

7.3 低噪声放大器(LNA)

7.3.1 概述

在物联网终端设备的无线通信系统中,延长电池寿命和确保通信质量至关重要。低功耗高性能的无线收发器是实现这一目标的关键组件。在无线接收链路中,低噪声放大器(LNA)作为接收机的第一级有源元件,对整个接收机的性能起着决定性作用,并且是主要的能耗来源之一。设计 LNA 时,我们追求的目标是在放大接收信号的同时,最大限度地减少噪声和失真,同时提供足够的增益以抑制后续电路引入的噪声。在尽可能低的功耗下,为了维持 LNA 的性能,我们需要采用不同性能的器件进行设计,并利用各种电路设计技术和电路结构来优化 LNA 的性能,以满足设计的性能指标。

7.3.2 低噪声放大器的性能指标

低噪声放大器主要关注的性能指标有:增益、噪声系数、线性度、阻抗匹配、功耗和面积等。

(1)功率增益:和 PA 中的功率增益的定义一样,功率增益即为输出功率减去输入功率,用 G(dB)来表示为。LNA 需要提供足够的增益,以补偿天线接收到的微弱信号在传输过程中的损耗。这有助于提高整个接收系统的灵敏度,使得设备能够接收到更远距离或更弱信号的传输,同时也需要 LNA 提供足够的增益以抑制后续电路引入的噪声,然而增益的提高往往伴随着功耗的增加,因此设计时需要在增益和功耗之间找到平衡。

(2)噪声系数:在微波射频电路设计中,噪声系数(noise figure)是衡量电路噪声性能的关键指标。在级联的放大系统中,整体的噪声系数主要受到第一级放大器的影响,因为后续级联的放大器的噪声系数会被前级放大器的增益所降低。换句话说,在所有级联放大单元的增益均为正值的情况下,系统的整体噪声系数主要由第一级放大器的噪声系数决定。因此,为了提升整个接收系统的灵敏度,设计时需要特别关注接收前端单元的噪声性能和增益水平。

在晶体管的等效噪声模型中,MOSFET 晶体管主要有以下几类噪声来源:首先是 MOSFET 器件的沟道热噪声;其次是晶体管栅极的寄生电阻的热噪声;同时还有栅势垒造成的栅极散粒噪声;最后还包括沟道内通常与半导体器件表面缺陷有关的闪烁噪声。

而在 HEMT 器件中,其噪声来源于 MOSFET 晶体管类似。不同的是,当 HEMT 器件在高频下工作时,当信号频率接近晶体管的电流截止频率时,沟道中的载流子的响应速度开始无法与信号变化保持同步,导致信号电流相对于纯电容性阻抗产生相位延迟,这种现象称为动态效应。此外,沟道中载流子的随机运动会在栅极产生感应噪声电流,这种现象称为栅极感应噪声电流(drain induced gate noise, DIGN)。因此,传统的准静态(quasi-static, QS)模型无法充分描述晶体管在高频工作时的特性,需要采用非准静态(non-quasi-static, NQS)的 MOSFET 模型来更准确地分析。在非准静态模型中,MOSFET 晶体管的总噪声通常被描述为栅极噪声电流和沟道噪声电流的叠加。这两种噪声电流均源于沟道载流子的随机运动,因此它们之间存在一定的相关性。这种相关性对于理解和预测晶体管在高频应用中的噪声性能至关重要。通过引入非准静态模型,可以更准确地预测和控制晶体管在高频操作条件下的噪声特性,从而优化电路设计。

(3)线性度:低噪声放大器(LNA)的非线性失真通常由两个主要因素引起:首先是输入晶体管的跨导非线性,当输入晶体管的跨导表现出非线性时,输入的线性电压信号会被转换成非线性的漏极电流。这种非线性在输入单音信号时会导致输出产生谐波,而在输入多音信号时,除了产生谐波失真外,还会导致交调失真。这种由输入信号引起的失真现象通常被称为输入限制;其次是输出导纳的非线性,当输出电压变化范围较大,或者晶体管在较低的漏源电压下工作时,由输出导纳的非线性引起的失真变得明显。这种由输出端引起的非线性失真被称为输出限制,尤其在低压设计和短沟道器件中,这种非线性效应更加显著。此外,器件的栅源电容、栅漏电容和漏体电容的非线性也可能导致失真。在大多数情况下,非线性失真主要源自跨导和输出导纳的非线性特性。

低噪声放大器的线性化技术旨在通过减少放大器的二阶和三阶非线性系数来提高其线性度。实现这一目标的方法包括：①负反馈，通过引入负反馈机制，可以降低放大器的增益，从而减少非线性失真。②优化工作点，通过调整晶体管的工作点，使其偏置在三阶非线性系数接近零的区域，可以在输入信号幅度较小的范围内减少三阶失真。这种方法可以在一个较窄的信号幅度窗口内实现较高的线性度。③导数叠加，通过在放大器中叠加导数信号，可以抵消部分非线性失真，从而提高线性度。④失真抵消，通过在放大器中引入特定的失真抵消电路，可以有效地减少非线性失真。

(4)阻抗匹配：作为无线接收机的前端，低噪声放大器需要能够实现很好的输入匹配以确保信号能够有效地从天线传输到 LNA，并且从 LNA 传输到后续电路，阻抗匹配是必要的。良好的阻抗匹配可以减少信号反射和功率损耗，从而提高接收机的整体性能。

(5)功耗与面积：在便携式和无线通信设备中，功耗和面积是一个关键考虑的因素。LNA 的功耗直接影响到设备的电池使用时间，因此设计低功耗的 LNA 对于在长时间的应用场景例如手机卫星通信中至关重要。同时在集成电路设计中，LNA 的面积也是一个重要指标，较小的芯片面积可以降低制造成本，并可能使得设备更加紧凑和便携，也可以极大地降低功耗和提高散热效率，得到更好的性能。

7.3.3 低噪声放大器的设计

在设计低噪声放大器时，必须在多个性能指标之间找到平衡点，这些指标包括增益、噪声系数、输入匹配以及功耗。增益是放大器放大信号的能力，而噪声系数则衡量放大器在放大信号时引入的额外噪声。输入匹配是指放大器输入端与信号源之间的阻抗匹配程度，它直接影响到信号的有效传输和放大器的噪声性能。功耗是低噪声放大器设计中的一个关键考虑因素，因为它不仅影响放大器的效率，还可能限制增益和噪声系数的优化。因此，低功耗技术成为 LNA 设计中的一个重点领域。目前典型的低功耗技术主要有电流复用技术、跨导增强技术以及体偏置技术。

(1)电流复用技术：在降低电路功耗方面发挥着重要作用。这项技术的核心思想是在不增加额外电流消耗的前提下，通过共享电流来实现更多的跨导增益。在共栅极放大器的设计中，输入阻抗与共栅管的跨导紧密相关，而输入阻抗的匹配要求限制了共栅管电流的进一步降低。利用电流复用技术，可以在满足阻抗匹配条件的同时，将所需的工作电流减少一半，从而实现功耗的降低。此外，通过将不同的增益级堆叠在一起，共享同一偏置电流，可以在不增加电流消耗的情况下，获得更多的射频增益。这种方法不仅提高了电路的效率，还有助于简化电路设计，因为它减少了对多个电源需求的复杂性。在传统的无线通信前端电路设计中，低噪声放大器、混频器和压控振荡器等模块通常各自独立偏置，每个模块都会消耗一定的电流。通过电流复用技术，这些不同功能的电路可以被合理地堆叠在电源轨到地轨之间，共享同一偏置电流。这种设计策略不仅降低了总的电流消耗，还有助于提高电路的整体性能和可靠性。总之,电流复用技术为低功耗电路设计提供了一种有效的解决方案。通过巧妙地共享和优化电流使用,可以在不牺牲性能的前提下,显著降低电路的功耗,这对于电池供电的便携式设备和能源受限的应用场景尤为重要。

(2)跨导增强技术:无源跨导增强技术在低噪声放大器设计中扮演着重要角色,特别是在提高放大器性能和降低功耗方面。以电容交叉耦合的共栅极低噪声放大器为例,这种设计通过耦合电容将差分信号分别耦合到共栅管的栅极。与未采用电容交叉耦合的共栅极放大器相比,这种结构使得输入管的有效输入信号幅度翻倍,从而在单边信号的情况下,有效跨导也增加了一倍。在保持输入阻抗匹配的前提下,这种设计允许工作电流减半,同时保持与未采用电容交叉耦合的共栅极放大器相同的有效跨导增益,这意味着放大器的增益保持不变。此外,由于有效信号的增加,共栅管的噪声贡献也大约减少了一半。然而,由于电容耦合导致的无源增益小于1,这限制了工作电流的进一步降低。此外,电容交叉耦合技术要求放大器以差分模式工作。为了克服这些限制,一些研究探索了使用变压器耦合来增强跨导的共栅极低噪声放大器。通过变压器将输入信号耦合到共栅管的栅极,可以实现大于1的无源增益,这使得共栅管的工作电流可以进一步降低。与电容耦合不同,变压器耦合技术允许放大器在单端模式下工作,提供了更大的设计灵活性。总的来说,无源跨导增强技术为低噪声放大器的设计提供了有效的手段,可以在不牺牲性能的情况下降低功耗。通过创新的电路设计和元件选择,可以实现更高效、更灵活的放大器解决方案,满足现代无线通信系统对高性能和低功耗的需求。

(3)背栅技术(体偏置技术):背栅技术,也称为体偏置技术,是实现低功耗设计的一种有效方法,尤其在低噪声放大器的应用中。这种技术通过在晶体管的体端(或背栅)施加适当的偏置电压,可以调整晶体管的阈值电压。降低阈值电压有助于减少晶体管在工作时所需的最小电压,从而使得整个放大器的工作电压得以降低,实现低功耗运行。

此外,体偏置技术还能通过改变晶体管的载流子浓度,增加放大管的有效跨导。有效跨导的提高意味着在维持相同增益的情况下,晶体管可以工作在更低的电流水平。这种电流的减少直接导致了功耗的降低,使得放大器在保持性能的同时,能够更加节能。在实际应用中,将信号耦合到放大管的体端是一种进一步提升性能的策略。通过这种方式,可以利用晶体管的体效应来增强信号的放大效果。当信号被耦合到体端时,晶体管的载流子浓度会相应变化,从而使得晶体管的跨导得到增强。这种增强效果使得放大器在不增加额外电流消耗的情况下,能够实现更高的增益。

7.3.4 镓基器件应用于低噪声放大器

在低噪声放大器的广泛应用中,GaAs 器件凭借其卓越的性能脱颖而出,成为实现高性能射频前端的理想选择。特别是 GaAs pHEMT,它在高频操作和低噪声特性方面的表现尤为出色。这些器件能够在 K 波段以及更宽的频率范围内提供高效的信号放大,使其成为卫星通信和射电天文等应用的理想选择。此外,GaAs pHEMT 还能提供显著的高增益,这对于雷达和通信系统在宽频带操作中的需求至关重要。GaAs mHEMT 是专为高频应用量身定制的器件,它们不仅能够为 LNA 提供高增益和优异的噪声性能,而且还特别适合宽带应用。GaAs mHEMT 的另一个显著优势是其出色的低功耗特性,这使得它们在对功耗有严格要求的应用场景中变得尤为合适。例如,在电池供电的便携式设备或能效至关重要的系统中,GaAs mHEMT 的低功耗特性可以帮助延长设备的使用时间,同时保持高性能的信号放大。

而在目前的研究中,GaAs LNA 的设计中运用了多种方法,用以提升线性度,降低噪声系数,提高增益,很典型的有:多零点控制方法,通过在晶体管的漏极旁路电容陷波滤波器和级间匹配电路中的并联电容陷波滤波器来实现多零点控制,以产生多个零点,从而实现高带外抑制和扩展抑制带宽;级联放大器设计,使用共源共栅结构来增强放大器的增益和稳定性,同时利用耦合线技术来复用信号以增强增益和扩展带宽;内反馈技术,利用晶体管的门-漏电容作为内反馈元件,以改善 LNA 的带宽和增益;负反馈技术通过在放大器中引入负反馈来平坦增益响应和改善稳定性;宽带匹配网络,设计 T 型和 π 型匹配网络以实现宽带内的输入和输出阻抗匹配;源退化技术在晶体管的源极引入退化电感,以优化噪声性能和输入匹配;分布式放大器设计利用分布式放大器的拓扑结构来实现宽带宽、高增益和平坦的群延迟。这些设计方法和技术的应用使得 GaAs LNA 能够在宽带宽、高增益、低噪声和低功耗等方面达到优异的性能,满足各种无线通信和接收系统的需求。

而在 GaN 基的 LNA,主要应用的还是 GaN HEMT 器件。GaN HEMT 器件具有很好的高频操作能力,能够在 W 波段和更宽的频率范围内提供高效的信号放大,适合于高频通信和雷达系统;同时也具有很好的低噪声特性,这些器件具有非常低的噪声系数(如低于 1 dB),有助于提高接收系统的灵敏度和信号质量。在能够保证很好的高频特性以及噪声系数的同时,GaN HEMT 由于其宽带隙和高击穿电压,还能提供很大的增益(如 20 dB 以上),这对于信号的初步放大非常关键,因此 GaN HEMT 器件也能提供高功率承受能力,承受较高的输入功率而不产生性能退化,这使得它们在高功率应用中非常有用。GaN HEMT 器件也具有高动态范围,该技术允许设计具有高动态范围的 LNA,这对于雷达接收机等应用非常重要,因为它们需要处理从非常弱到非常强的信号。

凭借这些 GaN HEMT 器件的优势,结合与 GaAs LNA 相似的先进电路设计方法,例如级联放大器设计增加总增益并扩展带宽、源退化技术来优化噪声性能和输入匹配、负反馈技术来平坦增益响应和改善稳定性、宽带匹配网络以实现宽带内的输入和输出阻抗匹配等,使得 GaN LNA 在现代无线通信系统中发挥着至关重要的作用。无论是在移动通信网络、卫星通信系统、雷达系统还是射电天文观测设备中,在各种微波射频电路的应用中发挥着不可或缺的作用。

在 InP LNA 的应用中,InP HBT 和 InP HEMT 以及 InP mHEMT 都得到了很广泛地

应用。InP HBT 器件在 LNA 的应用中通常使用的是 250 nm 的工艺，InP HBT 器件在很高的频率下具有很高的频带，例如在 100 GHz 以上依旧有超过 20 GHz 的 3 dB 带宽；同时 InP HBT 具有低噪声特性，在超高频段下依旧具有很小的噪声系数，很适合下一代微波射频电路以及无线应用。而 InP HEMT 器件在 LNA 的应用中，异质结构通常为 InGaAs/InAlAs/InP，其具有非常高的工作频率，同时在高频下具有很高的增益，甚至在 200 GHz 还能提供大于 5 dB 的增益，并且还具备相当好的增益平坦度，以及低电压驻波比，这有助于提高信号的传输效率，并且在已有的报道中，InP HEMT 的截止频率超过 300 GHz，甚至有些高达 600 GHz，同时也兼具很好的低噪声特性。总结来说，InP 衬底的 HEMT 和 HBT 器件因其高电子迁移率、高截止频率、低噪声特性以及在高频应用中的高性能，被广泛应用于 LNA 设计中。这些器件能够在低功耗条件下提供高增益和低噪声系数，非常适合用于要求严格、空间受限或对功耗敏感的应用场合。

在 InP LNA 设计方法涵盖了多种电路技术，包括使用平衡放大器设计来提高增益和增益平坦度，采用分子束外延技术生长的 pHEMT 晶体管结构以实现高频性能，三阶段共射放大器设计以优化低噪声和高增益，以及利用电磁仿真优化无源元件如电感、电容和传输线。此外，多级放大器设计被用于实现宽带宽和高增益，低温冷却技术用于降低噪声，改进的欧姆接触技术用于提高器件性能。微带线放大器设计和可变增益控制技术被用于构建宽带宽放大器，而源串联反馈技术则用于实现输入共轭匹配和简化噪声及增益匹配。在器件设计方面，使用多指的 InP HEMT，以实现低噪声和高增益。

7.3.5 镓基低噪声放大器的未来

随着无线通信技术的快速发展，GaAs 低噪声放大器在高频信号处理方面扮演着越来越重要的角色。首先，GaAs LNA 将不断向更高的频率扩展，覆盖 Ka 波段、毫米波乃至太赫兹频率，以适应未来通信、雷达和射电天文等领域对高频信号处理的需求。这将推动技术进步，实现更广泛的频率操作。其次，通过改进材料生长技术、器件设计和电路优化，未来的 GaAs LNA 有望实现更低的噪声系数，从而显著提高接收系统的灵敏度和信号质量，确保通信信号的清晰度和可靠性。此外，随着集成电路技术的不断进步，GaAs LNA 将实现更高的集成度，与其他射频组件如混频器、滤波器和功率放大器等集成在同一芯片上，实现复杂的射频前端功能，这将有助于缩小设备尺寸并提高系统性能。在功率效率方面，未来的 GaAs LNA 将采用新型器件结构和电路设计技术，实现更高的功率效率，减少功耗，延长电池寿命，这对于移动和便携式设备尤为重要。

而 GaN LNA 未来也在不断适应未来无线通信和电子系统的需求，首先 GaN LNA 也将扩展到更高的频率范围，包括毫米波和太赫兹频段，其次为了适应宽带和多频段的通信系统，未来的 GaN LNA 将设计成能够覆盖更宽的频率范围，同时保持高性能的增益和噪声特性，这将使 GaN LNA 在更广泛的应用中发挥作用。线性性能的提升也是未来 GaN LNA

的一个关键目标，随着通信系统对信号线性要求的提高，GaN LNA 将采用新的设计理念和技术，如增强的负反馈和分布式放大器结构，来提高线性性能，减少信号失真，保证信号传输的准确性。最后，高动态范围和高鲁棒性将是 GaN LNA 在特定应用中，如雷达和电子战领域，的一个重要发展方向。GaN LNA 将被设计为具有高动态范围和高鲁棒性，以处理从非常弱到非常强的信号，同时保持其线性和低噪声性能。

而随着无线通信技术的飞速发展，InP LNA 在高频性能、功耗优化、集成度提升、应用场景适应性、设计和制造工艺创新、智能化和可调性、新兴技术融合以及环境适应性和可靠性等方面展现出巨大的发展潜力。未来 InP LNA 将继续在高频领域取得突破，实现在 Ka 波段、W 波段乃至更高频段的高增益和低噪声系数，从而扩展其在卫星通信、雷达系统和射电天文观测等高端应用领域的影响力。在功耗方面，InP LNA 的设计将进一步优化，以满足电池供电的便携式设备和能量受限应用(例如空间探测器)的需求。通过采用先进的电路设计技术和器件工艺，实现在保持高性能的同时降低功耗，这对于推动 InP LNA 在更广泛领域的应用至关重要。集成技术的不断进步，特别是 InP/Si BiCMOS 等异质集成技术的发展，将使得 InP LNA 在集成度上实现质的飞跃。这不仅能够显著减小芯片尺寸，还能提升电路的整体性能和可靠性，同时降低生产成本，为大规模商业化应用铺平道路。InP LNA 的设计将变得更加灵活，以适应多样化的应用需求。无论是在极端温度环境下工作，还是在不同频率范围内提供稳定的高性能，或是在不同的功率水平下实现优化，未来的 InP LNA 都将展现出更加广泛的适应性。

随着制造技术的进步和生产规模的扩大，以及镓基集成电路的不断发展进步，镓基 LNA 的成本将逐渐降低，这将使得高性能的镓基 LNA 能够广泛应用于各种消费电子产品和商业通信系统中，提高其市场竞争力。镓基低噪声放大器的未来将是一个不断创新和进步的过程，旨在满足日益增长的无线通信和电子系统的需求，同时提供更高的性能、更低的成本和更广泛的应用范围。这将为未来的通信技术带来革命性的变化，推动整个行业向前发展。

7.4　射频开关

7.4.1　概述

T/R 组件在现代雷达和电子战系统中扮演着至关重要的角色，它们的核心功能依赖于高性能的开关来控制信号在发射路径和接收路径中的传输。这些开关的性能指标，如插入损耗和隔离度，直接影响系统的整体性能，也包括输出功率和噪声系数等关键参数。在无线通信收发机系统中，开关作为核心组件，负责在发射机和接收机之间选择信号路径。例如，单刀双掷(SPDT)开关通常部署在发射接收机的前端，其性能直接决定了系统的输出功率和噪声系数。插入损耗、隔离度和功率容量等特性对系统的整体性能起着决定性作用。

随着 3G、4G 技术的广泛应用，移动电话通信已经变得无处不在。在这样的环境中，发射接收机需要能够处理多个频段和多种模式，这就要求使用高性能的单刀多掷（如 SP4T）开关。这些开关不仅能够提供必要的信号选择功能，还能确保通信质量，满足不同通信标准和频段的需求。总之，高性能开关在 T/R 组件中的作用不可或缺，它们对于确保无线通信系统的性能至关重要。随着通信技术的发展和应用的扩展，对开关性能的要求也在不断提高，推动了相关技术的进步和创新。

7.4.2 射频开关的性能指标

射频开关是用于不同射频通道间快速切换信号的关键模块，因此射频开关的性能决定着射频系统的整体性能，以下指标对于射频开关十分重要：

（1）插入损耗（IL）：表征射频信号通过导通状态的射频开关电路过程中的损耗程度。

$$\mathrm{IL}=|P_{\mathrm{out}}-P_{\mathrm{in}}| \tag{7-6}$$

式中，P_{out} 为输出功率；P_{in} 为输入功率。

（2）隔离度（ISO）：表征开关在关断状态下，阻止信号从输入端漏到输出端的能力，通常以信号功率的绝对值差来表示，这是最重要的性能指标之一。

$$\mathrm{ISO}=|P_{\mathrm{leakage}}-P_{\mathrm{in}}| \tag{7-7}$$

式中，P_{leakage} 为泄漏功率。

（3）功率容量：功率容量指的是射频开关可以承受的最大功率。开关时间是衡量微波开关性能的另一个重要参数，用以评估开关在切换状态时的速度，它包括关断时间和导通时间两个部分。关断时间定义为当 TTL（晶体管－晶体管逻辑）信号从其高电平的一半下降时开始计时，直到微波开关的输出射频电压降至其最终稳态值的十分之一所用的时间；导通时间定义为从 TTL 信号从其低电平的一半上升时开始计时，直到微波开关的输出射频电压升至其最终稳态值的十分之九所用的时间。

7.4.3 射频开关的设计

在射频开关的设计中，开关器件的结构优化十分重要，如何尽可能降低器件的插入损耗，提升隔离度，减少开关时间，增加功率容量对于开关器件的应用具有重要意义。由式(7-8)，开关器件在开启状态下的插入损耗主要取决于其在开态下的等效电阻（R_{on}），因此通过减小栅长（L_{g}），源漏间距（L_{sd}）以及增加栅极宽度（W_{g}）都可以减小开关器件的开态电阻（R_{on}），进而减小开关器件的插入损耗。

$$\mathrm{IL}=20\lg\left(1+\frac{R_{\mathrm{on}}}{2Z_0}\right) \tag{7-8}$$

式中，Z_0 为漏阻抗。

而根据式(7-9)，开关器件在关断状态下的隔离度主要取决于器件在截止状态下的关态等效电容(C_{off})，通过减小器件管芯面积可以有效地降低开关器件在关断状态下的关态等效电容，减小开关器件的栅极宽度可以极大降低关态等效电容。

$$\text{ISO}=10\lg\left[1+\left(\frac{1}{2\omega C_{\text{off}}Z_0}\right)^2\right] \tag{7-9}$$

式中，ω 为角频率。

开关时间作为开关器件非常重要的性能指标，主要可以通过调节其栅极外加偏置电阻的大小进行控制，根据开关时间的计算公式，可以通过减小栅极外加偏置电阻的大小降低器件开关时间。但是栅极外加偏置电阻主要用于防止源极到漏极射频信号的泄露，因此栅极外加偏置电阻的数值不能过小，因此作为 trade off，需要同时考虑两个参数对于电路设计的影响，选择合适的器件参数。

功率容量指的是射频开关可以承受的最大功率，而开关器件在串并联情况下的功率容量不同，但是他们都通过承受更大的电流或者电压来提升最大的功率，因此想要提升开关电路的功率容量，一般是选择更合适的器件。

在射频开关的设计中，另一个重要的方面就是设计电路的拓扑结构，以最常见的开关种类单刀双掷(SPDT)开关电路为例，SPDT 常见的拓扑结构有：①纯并联拓扑结构：其适合窄带开关电路的设计，主要优点是插损小，面积开销小，易于偏置布线，一般使用四分之一波长微带线进行阻抗转换后实现的开关均可满足指标要求，但是其缺点在于其频选能力较差，调试难度较高，不适合宽带电路的设计；②串并联拓扑结构：其普遍适用于宽带电路的设计，其优点在于隔离度性能较好，且电路频带较宽，缺点在于该拓扑结构由于在电路的两个支路都存在串联的器件，因此该电路对处于串联器件的插入损耗要求较高，相对于纯并联电路该电路的插入损耗较大。因此，在选择电路拓扑的时候需要平衡考虑对于插损和带宽的要求。

总体来说射频开关的主要设计流程是：分析所需的电路指标，根据电路指标选择合适的器件结构、管芯结构和电路拓扑结构，随后进行原理图的绘制，进行电路原理图仿真及不断优化直到达到设计所需的要求，接着进行电磁场联合仿真，最后完成电路版图的绘制。

特别需要注意的是：单刀双掷(SPDT)开关电路在设计时必须确保两条路径之间保持足够的距离，这是因为当一条路径处于导通状态时，另一条路径需要维持至少 30 dB 以上的隔离度。30 dB 的隔离度意味着关断路径的信号功率降至导通路径的千分之一，任何两路径间的微小耦合都可能导致隔离度的显著下降。SPDT 开关具备两个互补的控制端口和三个用于输入输出的端口。在版图设计阶段，需要仔细规划这些端口的布局，以确保控制信号的有效性和各端口间的相互干扰最小化。合理的布局有助于提高开关的性能，确保信号在导通和隔离状态下的稳定性和可靠性。

7.4.4　镓基器件应用于射频开关

在光电领域中，高增益 GaAs 光电导半导体开关(PCSS)是利用 GaAs 材料的光敏特性来实现开关操作的，它们在光电应用中表现出色。而在射频开关的应用中，GaAs HBT 通常用于射频和微波应用中的放大器设计，而不是作为开关使用，因此很少有研究使用 GaAs HBT 器件作为射频开关的设计，目前的研究中 GaAs 高功率射频单刀双掷开关(IC)一般采用 GaAs FET、GaAs HEMT 或者 GaAs pHEMT 器件，这些晶体管在开关的导通和截止状态中发挥着核心作用，用以实现更高效的信号传输。

GaAs FET 开关是通过单个 GaAs FET 来改变天线的工作频带，这种设计允许通过调整 FET 的导通状态来实现频率的重构。而在 MMIC 的设计中，GaAs HEMT 和 pHEMT 成为更常见的选择，凭借高电子迁移率的特性，其具有低插入损耗和高隔离度，结合四分之一波长变换器和吸收性部分(包括串联的 HEMT、电阻和传输线)，为开关电路提供了良好的阻抗匹配，低插入损耗，高隔离度，以及在所有端口上的低反射损耗，同时结合高介电材料(如 BST)制成的电容，用于实现很好的输入、输出和地终端的耦合。

在众多现代电子系统中，GaAs(砷化镓)开关适用于那些对速度、功率处理和响应时间有着严格要求的应用场景。GaAs 开关的核心优势源于 GaAs 材料本身的高电子迁移率，这一特性赋予了开关高速运行的能力，对于实现快速数据传输和即时切换至关重要。此外，GaAs 技术允许制造出低寄生电容的器件，进一步增强了开关的性能，特别是在高频操作中。GaAs 开关的高功率处理能力是其另一显著特点，使其能够管理强大的信号，满足雷达和通信系统中的高功率需求。在设计上，GaAs 开关的紧凑尺寸为它们在便携式设备和空间受限环境中的集成提供了可能，这对于追求小型化和便携性的现代电子设备来说是一个巨大的优势。在信号传输过程中，GaAs 开关展现出的低插入损耗有助于信号的高效传输，确保了信号的完整性和可靠性。同时，当不需要信号传输时，GaAs 开关提供的高隔离度能够有效减少信号泄露，保障系统的整体性能和信号质量。

而 GaN HEMT 技术以其高电子迁移率、高击穿电压和优异的高频特性，成为射频功率放大器和开关应用的优选技术。随着电子设备对能效和性能要求的提高，GaN HEMT 在功率开关领域的应用需求不断增长，显示出其重要的市场地位。

在技术进步方面，GaN SPDT 开关展示出了高频高输出功率的优异性能，与传统的硅 PIN 二极管开关和 GaAs FET 开关相比，GaN HEMT 开关提供了更低的插入损耗、更高的隔离度和更强的功率处理能力，这些性能优势使其在多个领域具有潜在的应用价值。GaN HEMT 开关的高效率对于降低功耗、提高系统性能至关重要，特别是在需要快速切换和高功率处理的应用中。此外，GaN HEMT 技术允许在单片上集成多功能电路，这不仅有助于减小系统体积，降低成本，还提高了系统的可靠性。在应用潜力方面，GaN HEMT 开关在通信系统中可用于时分双工(TDD)收发系统，提高信号传输的效率和可靠性。在电动汽车(EV)的驱动和充电系统中，GaN HEMT 开关的应用能够提高能效和充电速度。此外，在光伏逆变器等可再生能源应用中，GaN HEMT 开关有助于提高能量转换效率和系统稳定性。在三相工业应用中，GaN HEMT 开关可以提供高效的电力控制和改善电机驱动性能。

而InP材料则更多的是被广泛应用于构建多种高速光电子开关，这些开关在光通信网络、模拟信号处理和光子集成电路等领域发挥着关键作用。

InP基多量子阱数字光开关（MQW DOS）利用InP基p-i-n多量子阱结构和量子限制Stark效应（QCSE），实现了极化不敏感的操作和低损耗，具备高对比度和快速响应特性，非常适合高速光通信网络的需求。另一方面，高速InP光电子开关采用InP材料的微带线结构，通过激光脉冲照射实现导通，展现了出色的高速响应能力，低导通阻抗和快速上升时间，使其成为高速模拟信号处理应用的理想选择。在一些研究中光开关则采用了InGaAsP-InP材料，结合多模干涉（MMI）耦合器和电吸收调制技术，这种设计不仅结构紧凑，而且不依赖光的极化状态，同时保持了低损耗和高对比度，适用于光交叉连接、延迟线和下拉复用器等应用。InGaAsP/InP多模干涉光波导开关则利用InGaAsP/InP材料的多模干涉（MMI）波导结构，通过电流注入改变折射率来实现开关功能，这种开关展现出了优异的串扰和消光比，以及快速的动态开关特性，非常适合用于光分组交换（OPS）系统中的光地址器。最后，动态InGaAsP/InP多模干涉光波导开关的研究重点在于其动态开关特性，通过优化设计实现了快速的上升和下降时间，同时保持了良好的消光比和串扰性能，这使得该开关非常适合于高速光通信网络中的光开关应用。

7.4.5 镓基射频开关的未来

GaAs开关因其在高频和高速应用中的优势而展现出巨大潜力，预示着在多个高科技领域的关键作用。未来的发展趋势包括高频应用的扩展，特别是在毫米波频率的通信和雷达系统中；集成度的提升，与更多射频组件的集成，以及在单片上实现放大、滤波和切换等多功能；性能的优化，减少插入损耗、增强隔离度和线性，提高开关的可靠性和耐用性；新型开关设计，如行波和吸收性特性的设计，以改善阻抗匹配和减少信号反射；材料与工艺的创新，探索新型半导体材料和先进制造技术，提升性能和降低成本；能效的提升，开发低功耗开关设计，满足日益严格的能效要求；应用领域的拓宽，将GaAs开关扩展到医疗成像、汽车电子和物联网等新兴领域；以及商业化和规模化生产，随着市场需求的增加，GaAs开关的生产将变得更为商业化和规模化，降低成本并普及技术。这些进步将推动GaAs开关在性能提升和应用扩展方面发挥重要作用。

而InP开关因其在光通信和光子集成电路中的潜力和优势，预计未来也将朝多个方向发展：包括进一步的集成化和微型化，提高开关速度和响应时间，增强极化敏感性和消光比，提升功率处理能力，实现动态可重构性，降低成本并提高量产能力，增强环境适应性和可靠性，扩大多模干涉（MMI）技术的应用，以及实现更紧密的光子集成和光电子集成。这些进步将使InP开关在光通信系统中发挥更加关键的作用，促进高速、高效和可靠的光子技术的发展。

与此同时，GaN HEMT在开关应用中面临的主要技术挑战包括动态导通电阻增加，这通常发生在高电压和高频率工作条件下,导致开关损耗增加。热管理也是一个关键问题,因为高功率操作会产生大量热量,需要有效的散热策略来防止性能下降或器件损坏。可靠性和稳定性对于长时间在高功率条件下工作的 GaN HEMT 至关重要。为了应对这些挑战,可能的解决方案包括改进器件结构,如采用垂直 GaN 晶体管和多通道超结晶体管结构,以提高功率密度和效率。先进的封装技术,如更有效的散热解决方案,对于改善热管理至关重要。设计优化,包括开发更精确的器件模型和设计工具,有助于优化开关性能和减少损耗。集成技术,如将驱动器和控制逻辑集成在一起,可以减少寄生参数,提高开关速度和效率。

镓基器件在射频电路的高速开关的应用中有着不可替代的重要作用,未来镓基器件开关预计将在更高的频率下工作,以满足 5G 通信等应用的需求。器件和电路设计的创新将实现更高的功率密度,从而减小系统尺寸。通过优化器件结构和材料,可以减少开关操作中的损耗,提高效率。随着性能的提升和成本的降低,镓基开关预计将在电动汽车、可再生能源、工业控制等领域得到更广泛的应用。此外,集成智能控制算法将使镓基开关能够自适应不同的工作条件,提高系统性能和可靠性。随着对高性能开关需求的不断增长,镓基射频开关技术的发展将推动整个行业向更高效率和更小尺寸的方向发展。

参考文献

[1] DIN S, MORISHITA A M, YAMAMOTO N, et al. High-power K-band GaN PA MMICs and module for NPR and PAE[C] IEEE MTT-S International Microwave Symposium (IMS). 2017.

[2] MA R, TEO K H, SHINJO S, et al. A GaN PA for 4G LTE-advanced and 5G: meeting the telecommunication needs of various vertical sectors including automobiles, robotics, health care, factory automation, agriculture, education and more[J]. IEEE Microwave Magazine, 2017, 18(7): 77-85.

[3] NIKANDISH R. GaN Integrated circuit power amplifiers: developments and prospects[J]. IEEE Journal of Microwaves, 2023, 3(1):441-452.

[4] MARGOMENOS A, KURDOGHLIAN A, MICOVIC M, et al. GaN technology for E, W and G-Band applications[C]. IEEE Compound Semiconductor Integrated Circuit Symposium (CSICS). 2014,1-4.

[5] PEDRO J, TOMÉ P, CUNHA T, et al. A review of memory effects in AlGaN/GaN HEMT based RF PAs[C]. 2021 IEEE MTT-S International Wireless Symposium (IWS). 2021:1-3.

[6] NAKATANI K, YAMAGUCHI Y, TORII T, et al. A review of GaN MMIC power amplifier technologies for millimeter-wave applications[J]. IEICE TRANSACTIONS on Electronics, 2022, E105-C(10):433-440.

[7] LARDIZABAL S, HWANG K C, KOTCE J, et al. Wideband W-Band GAN LNA MMIC with state-of-the-art noise figure[C]. IEEE Compound Semiconductor Integrated Circuit Symposium. 2016,1-4.

[8] TONG X, ZHANG S, ZHENG P, et al. A 22～30 GHz GaN low-noise amplifier with 0.4～1.1 dB noise figure[J]. IEEE Microwave and Wireless Components Letters, 2019, 29(2):134-136.

[9] TONG X, WANG R, ZHANG S, et al. Degradation of Ka-Band GaN LNA under high-input power stress:experimental and theoretical insights[J]. IEEE Transactions on Electron Devices. 2019, 66(12):5091-5096.

[10] ZAFAR S, OSMANOGLU S, OZTURK M, et al. GaN based LNA MMICs for X-Band applications[C]. 17 th International Bhurban Conference on Applied Sciences and Technology. 2020,699-702.

[11] YAN X, ZHANG J, GAO S P, et al. Beyond the Bandwidth Limit:A tutorial on low-noise amplifier circuits for advanced systems based on Ⅲ-Ⅴ process[J]. IEEE Transactions on Circuits and Systems II:Express Briefs, 2024, 71(3):1644-1649.

[12] CHIONG C C, WANG Y, CHANG K C, et al. low-noise amplifier for next-generation radio astronomy telescopes: review of the state-of-the-art cryogenic LNAs in the most challenging applications[J]. IEEE Microwave Magazine, 2022, 23(1):31-47.

[13] WANG T W, KAO Y Y, HUNG S H, et al. Monolithic GaN-Based driver and GaN switch with diode-emulated GaN technique for 50 MHz operation and sub-0.2-ns deadtime control[J]. IEEE Journal of Solid-State Circuits, 2022, 57(12):3877-3888.

[14] ISHIDA M, UEMOTO Y, UEDA T, et al. GaN power switching devices[C]. The 2010 International Power Electronics Conference. 2010.

[15] CHU R. GaN power switches on the rise: Demonstrated benefits and unrealized potentials[J]. Applied Physics Letters, 2020, 116(9):090502.

[16] TAPAJNA M. Current understanding of bias-temperature instabilities in GaN MIS transistors for power switching applications[J]. Crystals, 2020, 10(12):1153.

[17] ZU G, WEN H, ZHU Y, et al. Review of pulse test setup for the switching characterization of GaN power devices[J]. IEEE Transactions on Electron Devices, 2022, 69(6):3003-3013.

[18] MA R. A review of recent development on digital transmitters with integrated GaN switch-mode amplifiers[C]. 2015 IEEE International Symposium on Radio-Frequency Integration Technology. Sendai:IEEE, 2015.

第8章 数字集成电路

在镓基器件应用于集成电路中时，除了将这些镓基器件与无源器件结合，构成射频电路模块外，还可以模仿硅基互补晶体管(CMOS)技术，利用n沟道和p沟道器件构建互补逻辑电路。然而，由于材料特性的限制，如GaN的p沟道器件难以实现，这种直接模仿的方法存在一定的挑战。为了克服这些限制，研究者们开发了直接耦合场效应晶体管逻辑(DCFL)电路，这种电路利用增强型(e-mode)和耗尽型(d-mode)器件的组合，以实现逻辑功能。尽管这种逻辑电路在某些应用中已经取得了一定的成功，但它在器件制备、产业化成本、批量生产以及应用范围方面仍存在局限性。因此，单独发展镓基集成电路并不是目前技术发展的主流方向。在集成电路领域，镓基器件如GaAs、InP和GaN的应用并不局限于单独的射频电路模块，鉴于硅基集成电路工艺的成熟和大规模生产能力，它们可以通过多种方式与硅基器件集成，形成更复杂的电路系统。

例如，GaN HEMT器件与硅基器件的异质集成，已经被广泛应用于制备功率放大器(PA)。这种集成技术不仅利用了硅基工艺的成熟性，还结合了GaN器件的高功率和高频特性，使得PA在性能上实现了显著提升。同样，InP与硅基材料的异质集成技术，如InP/Si BiCMOS技术，也在低噪声放大器(LNA)的集成度上取得了突破。这种技术结合了InP器件的低噪声特性和硅基工艺的成本效益，为高性能射频前端的实现提供了新的可能性。总的来说，镓基器件与硅基器件的异质集成技术，不仅解决了单一材料系统在性能和成本上的局限，还为集成电路的发展提供了新的方向。这种集成方法的成功应用，展示了在保持硅基工艺优势的同时，如何有效地利用镓基器件的高性能，以满足日益增长的电子设备需求。

以下将以GaN HEMT器件为代表，详细介绍GaN CMOS电路，GaN DCFL电路以及GaN与Si 3D异质集成电路的优势，工艺流程方法，遇到的问题以及未来的应用和发展。

8.1 GaN互补晶体管(CMOS)集成电路

8.1.1 GaN CMOS技术的优势

GaN CMOS技术，即基于氮化镓(GaN)的互补金属氧化物半导体(complementary metal-oxide-semiconductor，CMOS)技术，代表了半导体电子领域的一个创新方向。氮化镓作为一种宽带隙材料，因其在高电压、高频率、高温环境下的卓越性能以及低功耗特点，正逐渐成为电子器件设计中的热门选择。GaN CMOS 技术利用这些优势，在多个方面展现出其巨大的潜力和应用价值。

首先，GaN 的高电子迁移率赋予了 GaN CMOS 技术在高频应用中的高效率和快速响应能力。这使得该技术非常适合用于射频和微波电路，为无线通信和雷达系统提供了高性能的解决方案。其次，GaN CMOS 技术能够承受高电压，这一点在电源管理和功率转换领域尤为重要，它允许设计出更为紧凑且高效的电源转换器和相关电子设备。在高温稳定性方面，GaN CMOS 技术表现出色，即使在极端温度条件下也能保持器件的性能和可靠性，这使得它适用于汽车、工业和航空等高温工作环境。此外，GaN CMOS 技术的低静态功耗特性，对于构建节能型电子系统具有重要意义，有助于延长设备的使用寿命并减少能源消耗。GaN CMOS 技术的集成度高，能够在单一芯片上实现复杂的电路设计，这不仅有助于减小设备的体积，还有助于提高系统的可靠性和性能。在数字集成电路领域，GaN CMOS 技术以其高速和低功耗的特性，为高性能计算和数据处理提供了强大的硬件支持。

8.1.2 GaN CMOS 工艺的方法和流程

GaN CMOS 技术的实现是一个复杂的过程，涵盖了从外延生长到最终的集成电路测试等多个精细步骤。以典型的 GaN CMOS 工艺为例：首先，通过金属有机化学气相沉积（MOCVD）技术在硅（Si）衬底上生长 GaN 外延层，形成用于功率电子应用的 p-GaN/AlGaN/GaN 外延堆叠。在器件制造前，样品会经过一系列湿法化学清洗步骤，包括超声处理和缓冲氧化物蚀刻，以去除表面污染物和天然氧化物。

接着，在 PECVD 室内沉积约 70 nm 厚的 SiO_2 作为硬掩膜，以准备接下来的光刻定义和干法蚀刻 p-GaN。利用光刻技术，定义 n-FET 和 p-FET 的区域，随后通过反应离子刻蚀（RIE）和 ICP-RIE 技术进行精确蚀刻。在 n-FET 上形成欧姆接触，采用电子束蒸发 Ti/Al/Ni/Au 金属堆叠，并进行快速热退火处理；p-FET 的欧姆接触则使用 Ni/Au 金属堆叠，并在氧气氛围中退火。

p-FET 的通道区域通过光刻和干法蚀刻技术定义，然后进行氧化等离子体处理（OPT），以实现通常关闭（E-mode）操作。这一步骤在 ICP 室内使用低功率氧等离子体完成。随后，在 p-FET 上通过原子层沉积（ALD）技术沉积约 20 nm 厚的 Al_2O_3 作为栅介质。器件隔离通过多能量级（高达 110 keV）氟离子注入实现，采用平面隔离技术避免侧漏。栅电极和探针垫（Pad）的形成则通过电子束沉积 Ni/Au 完成。

最后形成集成电路，包括逻辑门、锁存器单元和环形振荡器等，可以通过后续的实验测试验证其在不同温度和频率下的逻辑功能和性能。高温测试评估了 GaN CMOS 技术在高温环境下的稳定性和可靠性。最后，根据测试结果对工艺流程进行优化，以提高器件性能和电路集成度。

8.1.3 GaN CMOS 工艺遇到的问题和优化

在 GaN CMOS 工艺的实现过程中，依旧面临着一系列的挑战：首先，GaN 材料中的空穴迁移率较低，这限制了 p-FET 的性能。为了解决这一问题，研究者们设计了特定的 p-FET 结构，例如利用极化效应增强的 p-GaN/AlGaN/GaN 结构，以提升空穴迁移率和电流密度。其次，高温环境下器件性能的下降影响了可靠性。研究者们通过优化材料的外延生长和器件的制造工艺，如采用氧气等离子体处理（OPT）技术，来提高器件在高温下的稳定性。

工艺集成的复杂性也是一个挑战，因为 GaN CMOS 工艺涉及多种材料和步骤。为了应对这一问题，研究者们采用了标准化和模块化的工艺流程，同时使用先进的光刻和刻蚀技术，确保了精确的图案转移和层间对齐。栅介质的质量和界面态直接影响器件的性能和可靠性。研究者们使用原子层沉积（ALD）技术来沉积高质量的栅介质，并通过优化工艺参数减少界面态的密度。

在大规模生产中，保持器件性能的一致性和可重复性是一个挑战，尤其是应用于集成电路方面，需要保持很好的器件性能一致性。研究者们通过严格的工艺控制和实时监控，以及采用统计过程控制（SPC）等方法来确保工艺的稳定性。虽然 GaN CMOS 器件已经展现出高频操作能力，但仍有进一步提升频率的潜力。研究者们通过器件结构的优化，如缩短栅长或采用新型材料，以及电路设计的改进来提高工作频率。

许多目前的研究展示了 GaN CMOS 技术在解决上述问题方面取得的进展，并通过实验验证了所提解决方案的有效性。随着技术的不断发展和工艺的进一步优化，GaN CMOS 技术有望克服现有挑战，实现更广泛的应用。

8.1.4 GaN CMOS 集成电路的现状、应用场景及发展方向

当前对于 GaN CMOS 技术已经在多个关键领域取得了显著进展，并展示了其在未来电子系统中的广泛应用潜力。例如 GaN CMOS 技术已经成功集成了多种基本逻辑门，包括非门（NOT）、与非门（NAND）、或非门（NOR）和传输门（transmission gates）。这些逻辑门不仅在设计上实现了逻辑功能的完备性，而且在性能上也达到了高标准；同时这些逻辑门展示了卓越的高温稳定性，能够在室温至 200 ℃的范围内稳定工作。这一特性对于需要在极端温度条件下运行的电子系统来说至关重要，如汽车电子、航空航天和工业控制系统。

目前 GaN CMOS 技术在高频操作方面也取得了突破，能够在高达 2 MHz 的频率下进行操作。这为实现高速数字信号处理和通信系统提供了可能，有助于推动下一代无线通信技术的发展。而且通过构建多级集成电路，如锁存器单元和环形振荡器，GaN CMOS 技术证明了其在构建复杂数字电路中的潜力。锁存器单元的实现为存储和保持数据提供了解决方案，而多达 15 级的环形振荡器则展示了在构建更大规模集成电路方面的可行性。

GaN CMOS 技术的这些成果不仅展示了其在实现高性能电子系统方面的潜力，还凸显了其在提高系统效率和可靠性方面的重要作用。例如，低静态功耗特性有助于降低系统的整体能耗，而高温稳定性则确保了系统在恶劣环境下的持续运行。目前研究者们已经开发了一套完整的工艺流程和集成策略，用于在单一衬底上同时集成 n 型和 p 型 GaN 场效应晶体管，这为实现 GaN CMOS 技术的商业化和规模化生产奠定了基础，推动了高性能电子系统的发展，并为宽禁带半导体技术的进一步研究和应用提供了坚实的基础。

GaN CMOS 技术的未来应用场景十分广阔，首先在电源管理方面，它能够设计出高效率和高功率密度的电源转换器和电源管理电路。这些特性使得 GaN CMOS 技术在需要高性能电源解决方案的场合，如便携式电子设备和高功率工业应用中，具有显著优势。在射频应用领域，GaN CMOS 技术也展现出巨大潜力。由于其高电子迁移率，GaN CMOS 非常适合用于射频放大器和无线通信设备，为 5G 通信、卫星通信等提供关键技术支持。此外，GaN CMOS 技术在智能功率芯片的开发上也具有重要作用。它可以集成驱动、控制和保护模块，实现更为智能化和集成化的功率管理，从而提高系统的稳定性和可靠性。对于那些需要在高温环境下稳定工作的电子系统，如汽车、航空和工业电子，GaN CMOS 技术提供了一种可靠的解决方案。它在高温下的稳定性能，保证了这些系统在极端工作条件下也能维持正常运行。在数字集成电路领域，GaN CMOS 技术的应用同样前景广阔。它可用于构建高速、低功耗的数字集成电路，满足高性能计算和大数据处理的需求，为数据中心、云计算等应用提供了强大的硬件支持。最后，GaN CMOS 技术在存储器单元和逻辑电路的实现上也显示出巨大潜力。它有助于开发如 SRAM 等存储器单元，以及复杂的逻辑电路，为构建更复杂的数字系统，如微处理器和数字信号处理器，提供了技术基础。

8.2 GaN 直接耦合场效应晶体管逻辑（DCFL）电路

8.2.1 GaN DCFL 电路的基本原理和优势

GaN HEMT 由于 AlGaN/GaN 异质结，不需要掺杂就可以极化出二维电子气进行导电，形成 n 沟道器件。而如果要形成 p 沟道器件，目前效果最好的是掺杂镁元素，但是 Mg 的有效掺杂率不高，还容易占据 Ga 的空位，在性能方面远远不如 n 沟道器件，使得 p 沟道器件发展较为缓慢，因此类似于 CMOS 的 n 型、p 型互补逻辑电路的构造还较难实现。目前基于 GaN 的功率转换器的外围逻辑控制或驱动电路仍然主要采用硅基集成电路来实现，这种 GaN 功率器件与硅基集成电路混合的方案不可避免地会消耗更多的空间，同时会产生更大的寄生电感，大大限制了 GaN 基器件在高频操作下的性能和在高温、高辐照下工作的独特特性。而直接耦合场效应晶体管逻辑（direct coupled field-effect transistor logic，DCFL）很好地解决了这个问题，利用常开型的耗尽模式（depletion mode，D-mode）器件和常关型的增强模式(enhance mode,E-mode)器件组成逻辑电路,为 GaN 基电路提供了最简单的电路配置。这使得 GaN HEMT 有潜力用于构建集成电路,并在高温下执行硅基或砷化镓基技术所不可能实现的稳定、可靠的操作。

GaN DCFL 电路由 N 型器件的 E-mode HEMT 和 D-mode HEMT 共同组成,其中 D-mode HEMT 的栅极(G)和源极(S)一般短接,两极之间的电压为固定的 0 V,因此 n 沟道 D-mode HEMT 处于常开的状态,在电路中充当负载;而 E-mode HEMT 栅极(G)一般接输入端(V_{in}),作为驱动器,通过控制输入电压的大小来控制 E-mode HEMT 的开关,进而控制电路的输出逻辑,同时电路输出电压的大小还与 E-mode HEMT 和 D-mode HEMT 的导通电阻 RE 和 RD 有很大关系。GaN DCFL 反相器具由一个 E-mode HEMT 和一个 D-mode HEMT 组成,D-mode HEMT 的源极(S)和栅极(G)短接并连接 E-mode HEMT 的漏极(D)共同连接到输出端(V_{out}),D-mode HEMT 漏极(D)接偏置 VDD,E-mode HEMT 的源极(S)接地(GND),栅极(G)连接输入端(V_{in})。当输入端电压大于 E-mode HEMT 的阈值电压时,器件导通,根据电路分压原理,输出端的电压为低电平;而当输入端电压小于 E-mode HEMT 的阈值电压时 E-mode HEMT 相当于断路,输出端为高电压,由此实现 DCFL 反相器的逻辑功能。

8.2.2 GaN DCFL 电路的实现方法

GaN DCFL 技术整个过程始于材料选择与外延生长,选择合适的硅基底或碳化硅基底,并通过金属有机化学气相沉积(MOCVD)等外延技术在其上生长 GaN 基异质结构,包括缓冲层、未掺杂的 GaN 通道层、AlGaN 势垒层以及可能的 GaN 帽层。接下来,通过如 B+等离子注入等技术进行器件隔离,确保各个 GaN HEMTs 之间电气上相互独立。随后,利用电子束蒸发等技术在源极和漏极区域形成 Ti/Al/Ni/Au 等金属层,并进行退火处理以形成低阻抗的欧姆接触。

栅控结构的加工通过光刻和蚀刻技术定义栅极区域,包括栅极长度和宽度。对于 E-mode HEMTs,可能需要一个额外的栅极后退工艺来调整阈值电压。表面钝化与绝缘层沉积步骤中,在器件表面沉积钝化层,如 140 nm SiN,并为 MIS 结构的 HEMTs 沉积 Al_2O_3 的绝缘层。选择性势垒减薄使用选择性蚀刻技术对 D-mode HEMTs 的势垒进行减薄,以实现 E/D 模式的集成。源/漏接触形成步骤中,通过电子束蒸发等技术形成低阻抗的金属接触。

在互联与封装阶段,形成器件和电路其他部分之间的互联,并将电路封装以提供机械支撑和电气连接。测试与表征阶段使用半导体参数分析仪等设备对制造的 GaN HEMTs 和 DCFL 电路进行电学测试和表征,以验证其性能。电路设计与优化阶段基于 GaN HEMTs 的电学特性,设计 DCFL 电路,包括逻辑门和其他数字电路,并进行必要的优化以满足性能要求。单片集成阶段将设计好的 DCFL 电路与 GaN 功率器件进行单片集成,以实现智能功率集成电路。最后，在可靠性测试阶段，对完成的 GaN DCFL 集成电路进行高温测试、耐久性测试等，以确保其在实际应用中的稳定性和可靠性。

8.2.3　GaN DCFL 目前应用的实例

目前，在已有的研究中，已经有很多使用 GaN DCFL 技术组成的电路，例如反相器、与非门、或非门、环形谐振器以及其他复杂的数字逻辑电路并得到了很好的性能。

反相器作为数字逻辑中的基础构件，其核心功能是实现输入信号的逻辑反转。在 GaN DCFL 技术中，反相器由一个增强模式（E-mode）HEMT 作为驱动器和一个耗尽模式（D-mode）HEMT 作为负载构成。当输入为低电平时，E-mode HEMT 导通，拉高输出电压；而当输入为高电平时，E-mode HEMT 关闭，D-mode HEMT 导通，使输出电压降低。这种设计不仅提供了快速的开关速度，还因为 GaN 材料的高电子迁移率和高击穿电压特性，能够在保持低功耗的同时实现高电压摆幅。

NAND 门是一种多输入逻辑门，其输出在所有输入均为高电平时为低，否则为高。利用 GaN DCFL 技术，可以通过将多个 E-mode 和 D-mode HEMTs 以特定的拓扑结构连接来实现 NAND 门的功能。每个输入控制一个 E-mode HEMT 的导通状态，而所有 E-mode HEMTs 的并联输出连接到一个 D-mode HEMT 作为负载。这种配置允许在多个输入信号的共同作用下实现复杂的逻辑运算。

NOR 门与 NAND 门相对应，但其输出逻辑相反，即当所有输入都为高电平时输出为高，否则为低。在 GaN DCFL 技术中，NOR 门可以通过串联 E-mode HEMTs，并将它们的输出连接到一个 D-mode HEMT 来实现。每个 E-mode HEMT 对应一个输入信号，并且只有在所有 E-mode HEMT 都关闭时，D-mode HEMT 才会导通，从而拉低输出电压。

环形振荡器是一种用于产生稳定频率信号的数字电路，由奇数个反相器级联而成。在 GaN DCFL 的一些应用中，101 级环形振荡器由 101 个反相器构成，它不仅测试了单个反相器的性能，还表征了整个链路的传播延迟和振荡频率。这种电路的设计利用了 GaN HEMTs 的高速开关特性，能够在高频率下稳定工作，是评估 GaN DCFL 技术在高速数字电路应用中潜力的重要指标。

GaN DCFL 技术在数字集成电路方面的其他应用，允许在单一芯片上集成复杂的逻辑功能。这些基于 GaN-on-Si 功率 HEMT 平台的 ICs，不仅包括基本的逻辑门，还可能包括更高级的逻辑电路，如计数器、寄存器、多路复用器等。这些集成电路的设计充分利用了 GaN 材料的高效率和高温稳定性，适用于高性能计算、电源管理和信号处理等应用。

8.2.4　GaN DCFL 电路遇到的问题和解决方案

GaN DCFL 技术在实现过程中首先面临阈值电压控制的挑战，由于缺乏高性能的 p 沟道 GaN 器件，实现 GaN-on-Si 平台上的 CMOS 逻辑具有一定难度。精确控制 HEMT 的阈值电压需要复杂的工艺步骤，例如使用 CF4 等离子处理或选择性势垒减薄方法，特别是在 E-mode 和 D-mode HEMTs 的集成过程中，精确控制阈值电压至关重要。栅极泄漏电流也是一个问题，尤其是 D-mode HEMTs 的栅极泄漏电流可能影响 DCFL 电路的功耗，这可能影响 DCFL 电路的性能和可靠性，尽管 D 模式 HEMT 作为有源负载使用可以降低这种影响。此外，将 DCFL 技术与现有 GaN 功率器件工艺兼容，尤其是商业化 GaN 功率 HEMT 平台上的实现，技术上存在难点。尽管 GaN 材料本身具有良好的高温稳定性，但设计能在高温下保持性能和可靠性的电路仍是一个挑战，在高达 200 ℃的温度下，E/D 模式 HEMTs 的性能变化，尤其是 E 模式 HEMT 在高温下的阈值电压正向偏移，可能会影响电路的逻辑功能和噪声容限，噪声容限的考虑不可忽视，因为设计 DCFL 电路时必须确保电路在噪声干扰下仍能可靠地工作。单片集成过程中的寄生电容和寄生电感可能会影响电路性能，尤其是在高频应用中。GaN DCFL 集成电路的可靠性问题，需要通过包括高温和耐久性测试在内的严格测试来确保长期稳定性。

此外，集成度和器件匹配问题也是实现高性能 GaN DCFL 技术的重要考虑因素。有研究提到尽管有的研究成果已经实现了 501 阶段的 DCFL 振荡器，但进一步提高集成度和改善器件匹配仍然是一个挑战，将逻辑门与高电压 E 模式功率 MOSHEMTs 集成还需要解决不同器件之间的工艺兼容性和电气隔离问题。最后，实现高性能 GaN DCFL 电路可能涉及复杂的工艺步骤，目前很多工艺方面的问题依然没有得到解决，这可能增加制造成本和生产时间。例如：自对准栅极技术（SAG）的使用，可以提高 GaN HFETs 的性能，但这需要精确的工艺控制和优化，以确保栅极长度和侧墙厚度的精确性。选择性外延再生长技术是实现 E/D 模式集成的关键工艺之一，但这种技术可能面临生长条件控制、材料质量和界面缺陷等挑战。

为了解决上述问题，可以采取多种解决方案。优化阈值电压调整工艺，通过改进栅极后退工艺或使用其他技术来精确控制 E-mode 和 D-mode HEMTs 的阈值电压。泄漏电流控制可以通过优化 D-mode HEMT 的设计或电路设计来减少其对功耗的影响。工艺集成技术的改进可以促进与现有 GaN 功率器件工艺的兼容性，实现无缝集成和商业化生产。使用有效的热管理技术，如改进的散热结构和热界面材料，可以帮助保持电路在高温下的性能。电路设计优化，例如使用差分信号或增加滤波器，可以提高噪声容限，减少噪声干扰。减少寄生参数影响可以通过优化布局和设计来实现，特别是在高频电路设计中。进行广泛的可靠性测试有助于识别潜在的故障模式，并根据测试结果改进设计和工艺。通过多指栅极设计可以优化噪声容限和逻辑摆幅，但这需要精确的工艺控制和器件设计。而工艺简化和成本控制可以通过工艺创新和设计优化来实现，同时保持高性能。此外，探索新材料和结构，如使用新型绝缘层或调整异质结构，也是提高性能和可靠性的潜在途径。

8.2.5 GaN DCFL 电路未来的应用和发展方向

GaN DCFL 技术，具有一系列显著的优势，这些优势使其在现代电子领域中极具竞争力。首先，这项技术通过单片集成增强/耗尽模式(E/D-mode)HEMTs，实现了集成电路设计的高密度。其次，GaN HEMTs的高电子饱和漂移速度和高击穿场强赋予了DCFL技术高工作频率的能力，这对高速电子设备至关重要。此外，GaN DCFL技术在高电压下工作时保持低功耗，提供了高效率和高温稳定性，使其能够在极端温度条件下稳定运行。技术还实现了高输入电压摆幅，有助于减少噪声干扰，提高信号的可靠性。同时，电路设计考虑了低噪声容限，确保了逻辑电平的准确识别。快速的开关速度和低功耗运行进一步增强了其性能，而单片集成技术提高了电路的可靠性。

GaN DCFL技术的这些优势为其在广泛的应用领域中提供了巨大的潜力。在电源转换系统中，特别是在需要高效率和高功率密度的场合，DCFL技术展现出其独特的价值。它还可以用于开发智能功率集成电路，集成逻辑控制和功率转换功能，从而提高系统性能并减少外部组件的需求。在汽车电子领域，GaN DCFL技术的应用可以提升电动汽车充电器、电池管理系统和电机控制器的能效和响应速度。此外，工业控制中GaN DCFL技术可以用于实现高性能的电机驱动器和电源管理设备，航空电子中由于其高温稳定性和可靠性，GaN DCFL技术适用于航空电子系统中的通信设备、导航系统和传感器，而在移动设备和便携式电子产品中GaN DCFL技术可以用于移动设备和便携式电子产品的电源管理，提供更高效的电池充电和电源转换解决方案，高性能计算以及通信基础设施等领域也都从GaN DCFL技术的应用中受益。这些应用领域对高性能、高效率和高温稳定性的要求，使得GaN DCFL技术成为推动这些行业发展的理想选择。

8.3 GaN与Si 3D异质集成形成CMOS电路

8.3.1 3D异质集成技术概述

3D异质集成技术代表了半导体制造领域的一项革命性进步，它突破了传统二维集成的限制，通过在垂直维度上堆叠不同的材料和器件，极大地提升了集成电路的性能和集成度。这种技术特别适用于将具有不同物理和电气特性的材料，如GaN和Si，整合到单一的系统中，以发挥各自的优势。在GaN HEMT器件的应用中，3D异质集成技术的关键在于实现GaN的高功率和高频特性与Si CMOS的高集成度和低功耗特性的结合。这种集成不仅能够使得电路设计更加紧凑，还能够在保持高性能的同时降低系统的整体功耗。

3D层转移技术是实现这种集成的核心。该技术涉及将Si CMOS层精确地转移到GaN层上，这通常通过使用特定的黏合剂在两种材料之间创建牢固地结合来完成。黏合后，通过化学机械抛光(CMP)等表面处理技术，确保了两层材料之间的平滑过渡和电学连接的可靠性。此外，3D异质集成技术还包括以下几个关键方面：首先是精确对准技术，确保不同层次的器件能够精确对齐，这对于器件的性能和可靠性至关重要；其次是互连技术，开发高性能的垂直互联技术，如通过硅通孔（TSV）技术，以实现不同层次之间的有效电气连接；同时设计有效的热管理方案，以解决由于多层结构可能导致的局部过热问题，这可能包括使用高性能的散热材料和热界面材料；目前设计自动化和仿真工具也在其中的设计中起到了关键的作用，开发高级的设计自动化工具和仿真模型，以支持复杂的 3D 异质集成电路的设计和验证。最后是研究和选择在热膨胀系数、电气特性和机械强度等方面相互兼容的材料，以确保长期可靠性。

8.3.2 3D 异质集成的优势

通过 3D 异质集成技术，可以实现更高性能的集成电路，特别是在射频应用、功率电子和系统级芯片（SoC）等领域。这种技术结合了 GaN 的高频和高功率性能以及 CMOS 的高集成度和低成本优势，使其在电子行业中具有重要的应用潜力。首先，性能提升是其显著特点之一，通过在同一芯片上集成使用不同材料的器件，可以实现性能的显著提升。例如，GaN HEMTs 因其高频率和高功率性能而受到青睐，而 Si CMOS 则以其高集成度和低功耗特性著称。此外，3D 集成技术通过在垂直方向上堆叠器件，实现了尺寸缩小，这不仅减少了芯片的占地面积，还有助于推动电子设备向更小型化的方向发展。从经济角度来看，尽管 3D 集成技术的开发和制造过程可能较为复杂，但长期来看，成本效益显著，因为它可以减少材料使用，从而降低生产成本。3D 集成还实现了功能整合，能够在单一芯片上集成多种功能，例如射频信号处理、数字逻辑和功率管理，这为开发多功能的系统级芯片（SoC）提供了可能。同时，这种技术提供了更多的设计灵活性，允许设计师根据应用需求优化器件的性能和布局。在热管理方面，3D 集成技术通过在不同层之间分配器件，实现了更有效的热管理，因为热量可以通过多层结构分散，从而避免局部过热。最后，对于需要高频性能的应用，如 5G 通信和雷达系统，3D 集成技术能够提供所需的高频性能和信号完整性，满足这些应用场景的特定需求。

8.3.3 3D 异质集成电路的实现方法

典型的 GaN 器件和 Si 基器件异质集成技术的实现方法和具体实施的工艺流程大致如下：

首先，进行基底选择与准备，选择高阻抗的 Si ＜111＞基底，这有助于适应 GaN 的晶体生长并减少寄生电容。接下来，实施 Si CMOS 的制造，利用标准的 CMOS 工艺在硅基底上制造所需的互补金属氧化物半导体电路。随后，通过化学气相沉积（CVD）或热氧化过程在硅表面形成 SiO_2 隔离层，为后续 GaN 生长提供必要的保护和隔离。利用光刻和蚀刻技术在 SiO_2 层上形成窗口，暴露出硅基底的特定区域，为 GaN 晶体生长提供位置。

在窗口区域，采用分子束外延（MBE）或金属有机化合物化学气相沉积（MOCVD）技术进行 GaN 晶体生长。由于 GaN 晶体具有六角晶格，它更倾向于在 Si ＜111＞晶面上生长。

在 GaN 晶体上继续生长所需的异质结构，例如 AlGaN/GaN 高电子迁移率晶体管(HEMT)结构。GaN HEMT 的制造包括源漏区的形成、栅极的形成和金属化过程。在栅极形成过程中，可能会采用高 k 值的介质材料作为栅介电层，并通过原子层沉积(ALD)技术进行沉积。

然后，利用 3D 层转移技术将 Si CMOS 层精确地转移到 GaN 层上，这可能包括使用特定的黏合剂将硅层与 GaN 层结合，并通过化学机械抛光(CMP)技术进行表面平整。为了实现不同层次之间的有效电气连接，开发高性能的垂直互联技术，如通过硅通孔(TSV)技术。接下来进行后端处理，包括金属布线、钝化层的沉积和可能的额外互联层的添加，以完成电路的电气连接。之后，对集成的 GaN 和 Si CMOS 电路进行测试与验证，确保性能满足设计要求。最后，将制造完成的芯片进行封装，以保护电路免受物理损伤和环境影响。

通过这些工艺流程，GaN 的高频和高功率性能与 Si CMOS 的高集成度和低功耗特性得以结合，实现了 3D 异质集成技术的优势。而具体来说，其中的核心的工艺步骤就是 3D 层转移技术，3D 层转移技术是一种在半导体制造领域中具有重要意义的先进工艺。

这种技术允许将具备不同功能或由不同材料构成的器件层进行精确堆叠和集成，形成一个复杂的三维结构。在实际的工艺操作中首先进行的是基底准备，这一步骤涉及两个基底：源基底，上面已经制造好了器件层，如 Si CMOS 层；以及目标基底，它将用来接收将要转移过来的层，例如 GaN 层。接下来，在源基底上的器件层通过标准的 CMOS 工艺完成制造，之后在其上沉积一层保护层，以保护器件在转移过程中不受损伤。随后，进行基底减薄，利用研磨和化学机械抛光(CMP)技术将源基底的厚度降至适宜的程度，为层转移做好准备。在源基底的背面形成或利用一个预先存在的释放层，通常是一个牺牲层，其在后续步骤中会被去除，以释放器件层。层转移阶段，使用特定的技术如热释放或化学释放将器件层从源基底上脱离。这可能需要加热或化学处理来去除牺牲层。释放后，利用接合技术将器件层对准并精确地转移至目标基底上，可能需要使用临时接合剂或直接接合技术。转移后的层使用特定的黏合剂固定在目标基底上，并通过加热或紫外线来固化黏合剂。之后，去除之前为保护器件层而沉积的保护层。最后进行后处理，如 CMP，确保转移后的器件层表面平整，保持良好的电学特性。在转移层和目标基底之间，通过 TSV 技术实现互联，确保电气连接的有效性。

3D 层转移技术的成功实施依赖于精确地对准、可靠的黏合以及有效的互联技术。这些因素共同决定了最终集成器件的性能和可靠性。随着半导体技术的持续进步，3D 层转移技术有望在未来的高性能电子系统设计和制造中扮演更加关键的角色。

而在 3D 异质集成过程中，材料与界面工程的处理对于实现高性能集成至关重要，决定着最终 3D 异质集成的性能。首先，进行材料选择与匹配，选择合适的材料对，确保它们的物理和化学性质兼容。选择具有相近热膨胀系数的材料对可以显著减少热应力，从而提高集成结构的可靠性。接着，界面设计成为关键，需要设计合适的界面结构以促进不同材料层之间的结合。这可能包括引入缓冲层或过渡层来平滑材料性质的突变，降低界面处的应力集中。在材料层接触前,进行表面处理,通过清洁和活化处理增强表面能,促进材料之间的黏附力。化学清洗去除有机污染物,等离子体处理引入极性基团,都是常用的表面处理技术。利用精确对准技术,通过先进的光刻和对准技术确保各层之间的精确对准,这对于微米和纳米尺度上的集成至关重要。通过设计应力缓冲结构或采用应力释放技术,如微裂纹或应力缓冲层,进行应力管理,以管理由于材料不匹配引起的内部应力。通过调整工艺参数,如沉积条件、温度和压力,进行界面特性优化,优化界面特性,如界面态密度、界面平整度和界面结合强度。开发互联技术,如硅通孔(TSV),实现不同层次之间的有效电气连接,并确保互连的可靠性和电性能。采用适当的封装技术,保护3D集成结构免受外界环境的影响,并提供热管理方案,防止热量积聚。通过材料与界面工程的处理方法,3D异质集成技术能够有效地解决不同材料之间的兼容性问题,提高集成器件的性能和可靠性。

8.3.4 GaN HEMT与Si工艺3D异质集成遇到的困难

3D异质集成技术在推动电子行业向更高性能、更小尺寸和更低成本方向发展的同时,也面临着一系列的挑战。首先,制造复杂性是一个显著问题,因为3D集成技术涉及多种材料和工艺,这不仅增加了制造过程的复杂性,也提高了对精确对准的要求。为了解决这一问题,可以开发更先进的制造工艺和对准技术,同时利用机器学习和人工智能优化生产流程。接着是热管理问题,尽管3D集成技术有助于分散热量,但多层结构设计可能导致热量在某些区域积聚,从而需要有效的散热解决方案。这可以通过采用新型散热材料、设计更高效的热沉和散热器,以及开发动态热管理策略来实现。可靠性问题也不容忽视,不同材料的热膨胀系数差异可能在长期运行中引起应力,影响器件的可靠性。为应对这一挑战,可以进行材料选择和匹配的优化,使用具有相似热膨胀特性的材料,以及开发新的封装技术来缓解热应力。设计和仿真难度随着3D集成的复杂性而增加,需要精确的电路设计和仿真工具来确保不同层次的器件能够协同工作。这要求开发更高级别的设计自动化工具,以及更精确的仿真模型和算法。互联技术是另一个技术挑战,需要实现不同层次之间的有效电气连接。这可以通过研究和采用新型互连材料,如通过硅通孔(TSV)技术,以及开发新型电介质和导电材料来克服。成本问题是3D集成技术商业化的主要障碍之一。初期投资和研发成本较高,但可以通过规模化生产、工艺创新和设计优化来降低成本。

尽管存在这些挑战,3D异质集成技术的潜力巨大,随着技术的不断进步和创新,这些挑战有望逐步得到解决,从而推动电子行业实现新的突破。

8.3.5 3D异质集成未来的应用和发展方向

3D异质集成技术在高性能计算(HPC)领域的应用,能够通过将高性能处理器和高带宽存储器紧密集成,为高性能计算提供所需的速度和数据处理能力。在5G和未来通信技术方面,利用GaN与Si CMOS的集成,3D技术能够开发出更高频率、更高功率的射频组件,满足 5G 通信对高性能前端模块的需求。对于物联网(IoT)设备,3D 异质集成技术可以集成多种传感器、数据处理单元和通信模块,实现更小尺寸和更低功耗的智能设备。在汽车电子领域,3D 集成技术可以为汽车电子控制系统提供高度集成的解决方案,包括高级驾驶辅助系统(ADAS)和电动/混合动力汽车的功率管理系统。3D 集成技术在功率电子领域的应用,能够开发出更高效的功率转换器和电机驱动器;适用于可再生能源、智能电网和电动汽车充电器。在医疗电子中,3D 集成技术可以实现高度集成的诊断和监测设备,提供更高的精度和更快的响应时间。3D 技术在光学和光电子集成方面,可以将光电探测器、光调制器等光学元件与电子电路集成,推动光通信和光计算的发展。在柔性和可穿戴电子领域,3D 集成技术可以用于开发柔性电子器件,为可穿戴设备和电子皮肤等新兴领域提供技术支持。3D 集成还支持模块化和定制化设计,允许根据不同应用需求定制集成方案,实现特定功能的优化。随着 3D 集成技术的发展,未来的工艺和设计创新将不断涌现,以解决散热、电磁干扰、信号完整性等挑战。

3D 异质集成技术的未来发展方向将集中在提高集成度、增强性能、降低成本和功耗,以及实现更小尺寸的设备上。随着技术的不断成熟和创新,3D 异质集成将在多个领域内推动电子系统设计和制造的革命性变化。

8.4 数字集成电路的现在与未来

8.4.1 当前镓基集成电路设计中面临的挑战

在现代集成电路的快速发展中,镓基器件因其在高频、高功率、高效率以及高温稳定性方面的显著优势而备受关注。然而,尽管这些优势为镓基器件在集成电路领域中的应用提供了广阔的前景,但在实际应用和集成电路的实现过程中,它们仍面临一系列挑战和困难,这些挑战覆盖了材料特性、器件性能、集成技术、成本效益和可靠性等多个关键方面。

首先,在材料和器件性能方面,例如实现高效的 p 型掺杂是 GaN 等宽带隙半导体面临的主要难题,这限制了互补型逻辑电路的发展。并且随着器件工作频率和功率密度的提升,散热问题变得尤为突出,需要有效的热管理方案来确保器件性能和可靠性。此外,高质量的外延材料对高性能镓基集成电路至关重要,如何避免生长过程中的缺陷,保证良好的外延质量是一大挑战。

其次,在集成技术方面的挑战包括异质集成的兼容性问题,需要解决不同材料系统间的热膨胀系数不匹配、晶格常数不匹配和电气特性等的差异。精确对准技术对于 3D 异质集成至关重要,任何对准误差都可能影响电路性能。此外,开发高性能的互联技术,如硅通孔(TSV),是实现多层结构中有效垂直互连的关键。

而在成本效益方面的挑战主要体现在制造成本和设计验证成本上。镓基集成电路的制造成本通常高于硅基电路,降低材料成本、提高良品率和优化制造工艺是降低成本的关键。同时,镓基集成电路的设计和验证过程复杂,需要先进的仿真工具和测试设备,开发成本效益高的设计方案和验证流程对于提高市场竞争力至关重要。

而如果仅仅局限于GaN HEMT器件,首先制造成本与集成难度是GaN HEMT器件面临的主要问题之一。GaN HEMT的生产成本通常高于硅基电路,尤其在大规模生产时这一问题更为突出。此外,GaN电路在实现与硅CMOS兼容的集成方面存在诸多难题,特别是在p型器件的集成上。其次,技术成熟度也是GaN HEMT器件需要克服的难题。相较于已经发展成熟的硅基技术,GaN技术在某些方面仍处于发展阶段,尚未广泛应用于所有类型的集成电路。热管理问题同样不容忽视。尽管GaN材料具有良好的热导性,但在高功率操作下,器件的散热问题仍然是一个挑战,需要有效的热管理解决方案来确保器件的稳定运行和长期可靠性。可靠性与稳定性也是关键考量因素。GaN HEMT器件需要在恶劣工作条件下稳定运行,这对器件的高可靠性和鲁棒性提出了要求。然而,在高频和高温环境下,器件性能可能会下降,影响其可靠性。设计与工艺复杂性也增加了GaN HEMT器件制造的难度。这包括需要精确控制的阈值电压、优化的器件结构以及集成的无源元件等。在单片集成过程中,寄生电容和寄生电感可能会影响电路性能,特别是在高频应用中,这要求对布局和设计进行优化。工艺兼容性和电气隔离问题是将逻辑门与高电压e-mode功率MOSHEMTs集成时需要解决的挑战。

总之,镓基集成电路设计中的挑战是多方面的,需要跨学科的研究努力、技术创新和工艺优化来解决。尽管存在这些挑战,镓基器件的潜力巨大。预计通过不断的技术创新和解决方案的实施,这些难题将被克服,并进一步推动镓基集成电路在更多领域的应用和商业化。在未来的电子技术发展,特别是在5G通信、卫星通信、雷达系统等领域,镓基器件预计在其中将发挥更加关键的作用。同时,3D异质集成技术的发展将推动电子行业实现新的突破,为高性能电子系统设计和制造带来革命性的变化。

8.4.2 未来镓基集成电路设计的发展趋势

随着5G和未来通信技术的发展,对更高频率电路元件的需求不断增长,镓基器件以其在毫米波段的优异性能,预计将在高频应用中扮演更加重要的角色,基于GaN和InP的镓基集成电路预计将进一步拓展至毫米波和太赫兹频段,这将促进5G通信、卫星通信和雷达系统等领域的发展,满足对高性能射频前端模块的迫切需求。同时,镓基器件的高功率密度特性不仅使其非常适合高功率应用,也预示着在功率放大器和电源管理电路中将有更广泛的应用,特别是在需要小型化和高效率的场合。

镓基器件性能的优化也是未来发展的重点。通过改进材料生长技术、器件设计和电路优化,未来的镓基集成电路将实现更低的噪声系数、更高的功率效率和更宽的调谐范围,从而进一步提升通信系统和雷达系统的整体性能。新型器件结构的开发也将进一步推动镓基集成电路的发展。研究将探索新型半导体材料和器件结构，包括新型异质结构、应变工程技术和新型场效应晶体管，这些创新将为镓基集成电路带来更高的性能和更广泛的应用范围。

由于镓基的高效率特性，未来的电路设计将更加注重能效比，使得在移动设备、数据中心和高性能计算等领域，低能耗的镓基集成电路解决方案将更受欢迎，未来的镓基集成电路将采用新型器件结构和电路设计技术，实现更高的功率效率和更低的功耗，这不仅有助于延长移动设备的电池寿命，还能减少能源消耗。随着半导体技术的发展，集成度的提升将成为趋势，随着集成电路技术的持续进步，预计镓基集成电路将实现更高水平的集成，将滤波器、混频器和功率放大器等射频组件集成于单一芯片上。这样的集成化不仅能够减少设备体积，提升系统性能，还能有效降低生产成本。集成化和系统级封装技术将促进镓基器件与其他电路元件集成在单个芯片或封装中，实现更紧凑和高性能的电路系统。

可靠性和耐用性的提升也是镓基器件未来发展的关键，使其能够适应严苛的工作环境和长时间的稳定运行。此外，随着物联网（IoT）和智能设备的发展，镓基器件将用于实现更智能、更灵活的电源管理策略。镓基器件的进一步集成到射频前端模块中，将提供高性能的信号处理能力，同时减少模块的尺寸和成本。

在数字电路领域，镓基器件的应用将不断扩展，包括高速数字-模拟转换器、数字逻辑门、驱动器电路等，满足高速数字系统的需求。同时，镓基器件将用于设计更有效的电磁兼容性（EMC）改善电路，减少电磁干扰。未来的电路设计可能会更加注重灵活性和可重构性，镓基器件的快速响应特性将有助于实现自适应和可重构的电路设计。

镓基器件以及镓基集成电路的研究还处于起步阶段，21 世纪初才开始广泛研究，在短短二十多年的发展过程中，镓基器件的性能已经有了极大的提升，但是距离镓基器件本身的理论极限还很远，同时镓基器件以及镓基集成电路技术也面临一些难题亟待解决。随着镓基器件以及镓基集成电路性能的提升，镓基集成电路的应用领域只会进一步拓宽，涵盖医疗成像、汽车电子、物联网和可再生能源等多个领域。这些新领域的应用将推动镓基集成电路技术的创新和多样化发展。而随着市场需求的增长，镓基集成电路的生产也将变得更加商业化和规模化，这将有助于降低成本，提高产量，并促进技术的普及和应用。总体而言，镓基集成电路的未来发展将带来性能的显著提升、应用领域的广泛扩展以及成本效益的优化。技术创新和跨学科合作将是推动镓基集成电路在多个高科技领域发挥关键作用的重要动力，从而推动整个行业的持续发展和进步，并将在多个领域带来革命性的改变！

参考文献

[1] YUE Y, HU Z, GUO J, et al. Ultrascaled InAlN/GaN high electron mobility transistors with cutoff frequency of 400 GHz[J]. Japanese Journal of Applied Physics, 2013, 52(8S):08JN14.

[2] SHINOHARA K, REGAN D C, TANG Y, et al. Scaling of GaN HEMTs and schottky diodes for

submillimeter-wave MMIC applications[J]. IEEE Transactions on Electron Devices, 2013, 60(10): 2982-2996.

[3] MARGOMENOS A, KURDOGHLIAN A, MICOVIC M, et al. GaN technology for E, W and G-band applications[C]. 2014 IEEE Compound Semiconductor Integrated Circuit Symposium (CSICS). La Jolla, IEEE, 2014.

[4] ROMANCZYK B, WIENECKE S, GUIDRY M, et al. Demonstration of constant 8 W/mm power density at 10, 30 and 94 GHz in state-of-the-art millimeter-wave N-Polar GaN MISHEMTs[J]. IEEE Transactions on Electron Devices, 2018, 65(1):45-50.

[5] DENNINGHOFF D, ARKUN E, MOON J S, et al. Adaptable 40 nm GaN T-Gate MMIC processes for millimeter wave applications[C]. 2023 IEEE BiCMOS and Compound Semiconductor Integrated Circuits and Technology Symposium (BCICTS). Monterey, IEEE, 2023.

[6] KHAN M, KUZNIA J N, OLSON D T, et al. Microwave performance of a 0.25 μm gate AlGaN/GaN heterostructure field effect transistor[J]. Applied Physics Letters, 1994, 65(9):1121-1123.

[7] WU Y F, KELLER B P, KELLER S, et al. Measured microwave power performance of AlGaN/GaN MODFET[J]. IEEE Electron Device Letters, 1996, 17(9):455-457.

[8] KOHN E, DAUMILLER I, SCHMID P, et al. Large signal frequency dispersion of AlGaN/GaN heterostructure field effect transistors[J]. Electronics Letters, 1999, 35(12):1022-1024.

[9] VETURY R, ZHANG N Q, KELLER S, et al. The impact of surface states on the DC and RF characteristics of AlGaN/GaN HFETs[J]. IEEE Transactions on Electron Devices, 2001, 48(3):560-566.

[10] ANDO Y, OKAMOTO Y, MIYAMOTO H, et al. 10 W/mm AlGaN-GaN HFET with a field modulating plate[J]. IEEE Electron Device Letters, 2003, 24(5):289-291.

[11] LU H, ZHANG M, YANG L, et al. A review of GaN RF devices and power amplifiers for 5G communication applications[J]. Fundamental Research, 2023:S2667325823003023.

[12] SUN R, LAI J, CHEN W, et al. GaN Power integration for high frequency and high efficiency power applications:a review[J]. IEEE Access, 2020, 8:15529-15542.

[13] WOO K, BIAN Z, NOSHIN M, et al. From wide to ultrawide-bandgap semiconductors for high power and high frequency electronic devices[J]. Journal of Physics:Materials, 2024, 7(2):022003.

[14] HE Y, ZHANG L, CHENG Z, et al. Scaled InAlN/GaN HEMT on Sapphire With f_T/f_{max} of 190/301 GHz[J]. IEEE TRANSACTIONS ON ELECTRON DEVICES, 2023, 70(6).

[15] WANG R, JIA L, GAO X, et al. Dynamic performance analysis of logic gates based on p-GaN/AlGaN/GaN HEMTs at high temperature[J]. IEEE ELECTRON DEVICE LETTERS, 2023, 44(6).

[16] YE L, YANG J, HE J, et al. Wide range CCT laser-based illuminant with high efficiency and excellent optical performances[J]. IEEE Photonics Technology Letters, 2023, 35(11):601-604.

[17] GUO Y, ZHANG Y, YAN J, et al. Enhancement of light extraction on AlGaN-based deep-ultraviolet light-emitting diodes using a sidewall reflection method[C]. 2016 13th China International Forum on Solid State Lighting: International Forum on Wide Bandgap Semiconductors China (SSLChina:IFWS). Beijing, IEEE, 2016.

第9章 光电融合集成电路

除了电子与射频领域外，镓基材料及器件还被广泛应用于半导体光电子器件及光子集成电路(photonic integrated circuit，PIC)中。当前，几乎所有主流半导体发光和探测器件均是基于含镓化合物半导体材料。常见的发光材料包括铟镓氮(InGaN)、铝镓铟磷(AlGaInP)、铝镓砷(AlGaAs)、铟镓砷(InGaAs)、铟镓砷磷(InGaAsP)、铟镓铝砷(InGaAlAs)，铝镓砷锑(AlGaAsSb)等，波长范围可覆盖从紫外到中红外波段。这些镓基半导体光电子器件在光通信、工业加工、数据存储、传感探测等领域发挥了至关重要的作用。主流半导体激光器材料体系、波长范围及应用领域如图 9-1 所示。

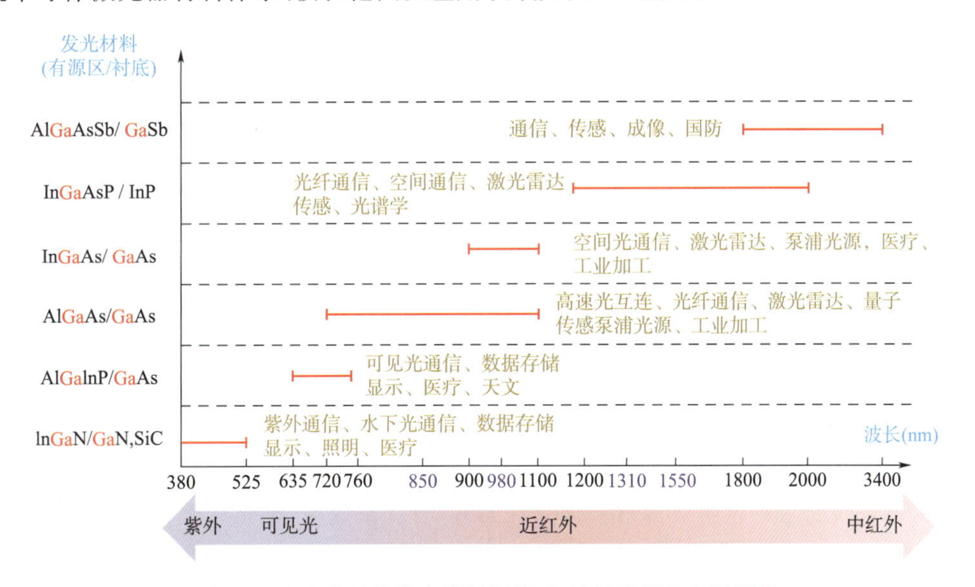

图 9-1　主流半导体激光器材料体系、波长范围及应用领域

在镓体系光电子器件中，用于通信和信息领域的器件在技术的成熟度、指标体系的完善性、标准的完备性以及技术更新的活跃度等方面表现最为突出。基于该材料体系的光电子器件也是在光电子领域中较早实现了功能和部件集成，并最有希望在未来实现规模化集成。在光通信和光信息领域，镓体系光电子器件贯穿了光发射、调制、中继到接收端各个环节。

9.1 光发射器件

为与光通信低损通信窗口(0.85 μm、1.3 μm 以及 1.5 μm 波段)相匹配，光发射端通常采用基于 AlGaAs/GaAs(0.85 μm 波段)材料的垂直腔面发射激光器(VCSEL)或基于 InGaAsP/InP,InGaAlAs/InP(1.3 μm 以及 1.5 μm 波段)材料的边发射型分布反馈激光器(DFB),用于产生匹配光纤或大气光通信信道的光载波。同时,为了充分利用信道通信容量,系统所需光源的中心波长还会被进一步划分为数百个波长信道,以实现波分复用功能。波长信道的精细对准则是依靠 DFB 激光器中内部集成光栅结构的周期调控和温度控制来实现。

目前,在长距离光通信中,多个波长通道的合束多采用多通道波分复用器来实现。每个波长通道的光源均需要先完成独立封装,再通过光纤和波分复用器的各个端口连接,带来较高的系统成本和较大的体积功耗。而在中短距离光通信中,多个波长通道的合束则是在光模块中对多个激光器同时进行耦合对准后,采用分立的光学合束器实现多通道的合束。在狭小的光模块空间中对多个激光器芯片进行耦合及合束的难度较大,在光模块中可实现合束的激光器数量一般不超过 8 只。

为实现更高效的光耦合以及合束,可将多个波长的激光器与合束器进行单片或异质集成。在单片集成中,需要在同一半导体衬底上制备出不同波长的 DFB 激光器和无源合束器,合束器可以采用波长不敏感的多模干涉耦合器(MMI)或具有波长选择性的阵列波导光栅(AWG)。从降低集成损耗角度考虑,用于单片集成的 MMI 或 AWG 的带隙需要采用比 DFB 激光器有源区材料带隙更宽,以确保不会对入射的激光带来额外的材料吸收损耗。这一集成方式的优势在于用于集成的有源和无源器件均为同一材料体系,材料完全兼容,集成器件制备效率更高。有源和无源器件之间的模场失配小、耦合损耗小、集成界面反射更低。但单片集成过程涉及到多次材料外延,对材料外延质量要求较高,工艺控制和技术门槛也较高。在异质集成中,则是将镓体系发光材料或器件与硅、氮化硅、薄膜铌酸锂等无源功能器件集成。首先制备用于产生激光的增益材料或激光器,随后通过键合、微转印等手段,实现激光器与 MMI、AWG 等无源器件的集成。这种集成方式可以充分结合镓体系半导体材料在发光方面的优势和硅基等无源材料体系在器件功能、集成度、加工工艺方面的优势。在集成器件种类、复杂度以及规模上均具有显著优势。但在当前的异质集成技术中,激光器和无源器件的模场失配、界面反射、片上放大等一系列问题仍需要进一步解决。

9.2 光调制器件

在光调制环节,电信号经过电/射频驱动器放大后,用于驱动激光器或调制器,以实现光信号的调制。对于传输距离为百米至 10 km 内的短距离通信,光的调制通常采用直接调制 VCSEL 或 DFB 激光器的方式实现。在进行直接调制时,通过改变注入激光器的调制电流实现对激光器输出信号功率的调制,从而实现光载波产生和信号调制的双重功能。直接调制激光器的调制带宽可以达到 30 GHz 以上,调制速率可以支持至 100 Gbit/s。直接调制具有低成本、低功耗的优势，但受限于直接调制过程中电子-光子谐振频率限制，直接调制器件的带宽相对较低。近年来，通过在VCSEL或DFB激光器结构的基础上，集成额外的反馈结构（如布拉格反射镜、无源波导等），通过引入光子-光子谐振和失谐负载（Detuned Loading）机制，可以实现对直接调制激光器带宽的进一步拓展。目前，这类单片集成结构的直调激光器的带宽已经可以达到65 GHz以上。直接调制激光器的调制带宽还受到散热等因素影响，可以通过异质集成的方式，将Ⅲ-Ⅴ族的激光器与导热系数更高的碳化硅衬底材料进行集成，并综合利用光子-光子协助和失谐负载集成结构，实现器件带宽的综合优化。采用这种异质集成结构的直接调制激光器带宽已经可以达到108 GHz，理论可支撑单波400 Gbit/s调制速率。

基于集成结构的高带宽直接调制激光器当前还主要集中在学术报道阶段。在对带宽要求较高且传输距离较远的场景下——如十公里至数十公里的场景，主流使用的是InGaAsP/InP，InGaAlAs/InP材料体系的单片集成电吸收调制激光器（EML）。EML的结构包括用于产生连续光载波的DFB激光器和用于信号调制的电吸收调制器。它是目前使用最为广泛的光子集成器件。EML的DFB激光器部分和电吸收调制器部分可以分别优化，以获得最佳的发光和调制效果。得益于高效的电吸收调制能力，仅需要采用百微米量级的电吸收区，采用集总电极的方式，EML就可以实现100 GHz以上的调制带宽，调制速率可以支持至400 Gbit/s以上。相对于采用行波电极的马赫曾德结构调制器，EML不但集成了光源，而且在器件尺寸上也有更大的优势，是当前和下一代超高速光通信系统中最主流的光调制器件之一。

EML主要用于强度调制-直接检测（IM-DD）的场合。而在更长距离（数百至上千公里）、更大容量的传输场景，则需要采用相干调制架构，对激光进行相位及强度的联合调制，以实现更高的调制频谱效率。其相应的调制器为基于马赫曾德结构的IQ光调制器。IQ光调制器包括4个相位调制臂、光移相器以及光合/分束器。复杂结构的IQ调制器还包括偏振分束及合束器。相位调制的物理机制大多是来自电光效应。早期的IQ调制器多采用铌酸锂体材料，调制带宽在30 GHz以下。目前主流使用的是InGaAsP/InP，InGaAlAs/InP材料的IQ调制器，调制带宽可达80～100 GHz。

在相干调制架构中，除IQ调制器外，还需要波长可调谐窄线宽激光器（ITLA）作为发射端光载波光源和接收端本振解调光源。传统上ITLA采用外腔结构半导体激光器实现。该结构对封装、调试和校准技术要求较高。近年来，业界开始采用基于单片集成技术的可调谐激光器。这类激光器集成了用于波长调谐的布拉格反射镜区、增益区、光放大区以及滤波器，无须外腔结构即可实现100 kHz以下窄线宽输出。

通过单片集成技术，可将ITLA、偏振分束及复用器、光放大器（SOA）与IQ调制器集成，实现更紧凑的光发射芯片。2017年即有集成了数十路IQ调制器的上述集成芯片的报道。2020年集成了ITLA、IQ调制器、SOA以及探测器的光收发芯片已经可以支持单波800 Gbit/s的调制速率。除单片集成技术外，最近人们正在开发基于异质集成技术的相干光发射芯片技术，将Ⅲ-Ⅴ族光源与硅基IQ调制器、探测器或薄膜铌酸锂调制器等结构集成，实现功能更丰富或速率更高的相干光发射芯片。

另一方面，在光电子领域，光调制器件的带宽增长速度已经逐渐超过硅基电驱动器件所能支撑的能力范围。这主要体现在超宽带光电子器件所需的驱动频率和驱动电压指标上。随着器件带宽的增加，光调制器件所需的驱动电压也在不断增加。多电平调制格式的引入，如四电平脉冲幅度调制，对驱动信号的电压幅度范围和线性度也提出了更高的要求。然而传统的硅基CMOS驱动电路难以在极高的工作频率下保持足够的驱动电压。基于锗硅材料的HBT虽然可以支撑100 GHz以上的带宽，但在需要更大驱动功率、更高线性度的场合，其器件性能仍需进一步优化。而基于镓体系的InP DHBT射频器件，如InP/InGaAs或InP/GaAsSb DHBT，则能够在更高频率下兼容线性度和输出功率需求，并已经成为下一代“镓体系”光电子器件驱动的重要选择之一。欧盟、日本等国已经把InP HBT纳入高速光电子器件研究路线，用于支撑未来Tbit/s集成光收发模块。另一方面由于InP DHBT和InP调制器及光源同样都采用InP衬底，具备材料及工艺上的兼容性，使射频器件和光子器件融合集成成为可能。目前，已有研究报道了HBT器件和光调制器、激光器或探测器的集成，这也代表了下一代光电融合集成的重要技术趋势。

9.3 光中继与接收器件

在长距离传输的中继环节，通常需要采用放大器对光信号进行放大，最常用的放大器为掺铒光纤放大器。泵浦掺铒光纤的激光器多采用980 nm波段InGaAs/GaAs激光器进行泵浦。为提高泵浦效率，实现与掺铒光纤能级的精确对准，并提高温度稳定性，泵浦激光器内部会集成光栅结构，来保证激射波长的稳定。

在接收端，主要采用基于InGaAs/InP、GaAs/Ge或SiGe材料的PIN型光电探测器或者雪崩光电探测器(APD)，在相干光通信中则会采用单片集成的平衡探测器。光电探测器的带宽目前已可达200 GHz以上。在阵列化集成接收的场景下，与光发射器件类似，探测器阵列也可以与MMI，AWG等无源器件实现单片或异质集成，从而实现更高的集成度和并行接收带宽。

在光子太赫兹领域，用于辐射太赫兹波的发射单元还会采用单行载流子探测器(UTC-PD)与太赫兹天线集成的结构，实现300 GHz以上的光电转换，以满足太赫兹波发射的功能。

9.4 镓体系光电子器件标准化集成及展望

随着通信系统、数据中心、智算中心的发展，系统对信息传输速率、带宽容量、体积功耗等指标提出更高的要求。但分立光电子器件的性能经过数十年的发展之后，性能提升逐渐放缓。通过光子集成的手段提升单元器件性能并实现规模化集成，是保证未来信息领域持续高速发展的关键所在。从光子集成的实现方式上来分类，既有基于同一材料体系的单片集成，也有基于不同材料体系的混合集成和异质集成。异质集成凭借成熟的硅基集成电路加工工艺，可以实现除光源外的复杂功能和器件集成，集成规模不断扩大。

但在单片集成领域，集成模式主要采用垂直整合方式。虽然已有50多年的发展历史，但是单片光子集成技术仍大多局限于学术界，除国际上极少数一两家公司实现了产品化外，商业化案例依然较少。造成这种现象的一个关键因素在于单片光子集成技术研发的高度分散性，大量的专有技术导致在单元器件得到充分优化的同时，却无法实现技术共享。碎片化的技术使集成所需的标准化工艺和设计无从展开。除成本不敏感的骨干网和需求量巨大的数据中心和接入网应用外，单片光子集成技术的潜在市场还涵盖了很多需求量相对较小，应用迥异的应用。这些独立的小批量需求不足以支撑起整条生产线的运转。工程投资需要降低芯片成本，这只能适用于大批量制造相关的大市场。这为镓体系单片光子集成的发展带来了严重障碍。

回顾历史，可以发现当前单片光子集成技术遇到的瓶颈与20世纪80年代集成电路发展初期的情况类似。当时，为解决硅基集成电路技术分散化、加工制备技术门槛高的问题，业界引入了标准化代工模式。通过标准化的设计、加工、制造模式将多个具有相同制造工艺的设计被放在同一版图中整批次处理，通过多项目晶圆(MPW)的方式来降低用户的开发成本。最终实现了硅基集成电路的设计、制造分离的代工模式。用户只需要专注于集成电路设计，而无须单独投资昂贵的集成电路制造厂。这样，从电路设计到芯片样品制备的成本就被大幅度降低，促进了集成电路生态的快速发展。

2007年，欧盟开始推动建立基于InP基器件的单片光子集成电路平台。美国在2015年也开始布局光子集成平台体系，以打造类似硅基集成电路的加工制造体系。镓体系标准化光子集成平台均被欧盟和美国纳入了下一代基础设施工程进行建设。该平台直接参照了硅基集成电路的发展模式，旨在建立一套高度标准化的InP基光子集成代工平台。该平台整合了基础材料、仿真软件、加工装备、工艺开发、封装测试等关键环节，打造化合物光子+射频技术的综合集成平台。在标准化集成技术框架下，种类繁多的激光器、调制器、探测器以及各类无源器件被拆分为少数几种通用的基础功能单元(basic building blocks，BBB)。典型基础功能单元包括放大器、相位调制器、探测器、光波导、反射镜等十几种基本结构。再由这些基础结构组成功能更复杂的功能单元(composite building blocks，CBBs)，如激光器、马赫曾德调制器、光开关等。通过BBB和CBB的进一步组合，可以实现更为复杂的集成结构。这一集成思想与硅基集成电路中对晶体管、电阻、电容、金属互连的集成类似，是实现规模化集成的基础。

从制造模式来看，标准化光子集成可以实现设计制造环节的解耦，提高了光子集成器件研发的迭代速度。设计人员和代工厂的知识产权可以实现隔离，保障了全链条独立创新的可能以及商业模式的可持续发展。这一模式还有助于实现更为普及的设计培训教育生态，从而获得更广泛的从业人员群体。

从更广义的集成角度来看，镓体系集成从分散、封闭的小规模制造模式转向集中统一的开放式标准化制造模式后，规模化通用集成的范围将从硅这一单一材料体系拓展至更广泛的化合物半导体多材料体系，该平台将成为未来光电混合集成生态体系的起点。硅基集成和镓体系集成将进一步融合，实现多材料体系的泛在集成新平台。未来，硅基器件的信息处理能力和镓体系化合物器件的感通测能力将有可能以标准化集成的方式实现芯片化规模集成。最终形成与集成电路互为补充、相互融合的体系架构及统一的生态体系。

参考文献

[1] KOGELNIK H. Coupled-wave theory of distributed feedback lasers[J]. Journal of Applied Physics, 1972, 43(5):2327.

[2] SOLDANO L B, PENNINGS E C M. Optical multi-mode interference devices based on self-imaging: principles and applications[J]. Journal of Lightwave Technology, 1995, 13(4):615-626.

[3] FEISTE U. Optimization of modulation bandwidth in DBR lasers with detuned bragg reflectors[J]. IEEE Journal of Quantum Electronics, 1998, 34(12):2371-2379.

[4] CHE D, MATSUI Y, CHEN X, et al. 400 Gbit/s direct modulation using a DFB+R laser[J]. Optics Letters, 2020, 45(12):3337.

[5] YAMAOKA S, DIAMANTOPOULOS N P, NISHI H, et al. Directly modulated membrane lasers with 108 GHz bandwidth on a high-thermal-conductivity silicon carbide substrate[J]. Nature Photonics, 2021, 15(1):28-35.

[6] LARSON M, BHARDWAJ A, XIONG W, et al. Narrow linewidth sampled-grating distributed bragg reflector laser with enhanced side-mode suppression[C]//Optical Fiber Communication Conference. 2015.

[7] LAL V, STUDENKOV P, FROST T, et al. 1.6Tbps coherent 2-channel transceiver using a monolithic Tx/Rx InP PIC and single SiGe ASIC[C]//Optical Fiber Communication Conference (OFC) 2020. San Diego, California:Optica Publishing Group, 2020.

[8] HERSENT R, JOHANSEN T K, NODJIADJIM V, et al. InP DHBT linear modulator driver with a 3-Vppd PAM-4 output swing at 90 gbaud: from enhanced transistor modeling to integrated circuit design[J]. IEEE Transactions on Microwave Theory and Techniques, 2024, 72(3):1618-1633.

[9] SMIT M, LEIJTENS X, AMBROSIUS H, et al. An introduction to InP based generic integration technology[J]. Semiconductor Science and Technology, 2014, 29(8):083001.